"十四五"职业教育河南省规划教材

高等职业学校餐饮类专业教材

长垣烹饪职业技术学院校本课程规划教材

PENGTIAO
GONGYI SHIXUN

烹调工艺实训

（长垣美食篇）

徐书振	**主**	**编**
董现莹 刘晓艳	**副**	**主**	**编**
付 兵 付结实 白耀威 郝顺增 阔纪保 陈忠杰 杨红方 李树旺	**参**	**编**
王国仕	**摄**	**影**

中国轻工业出版社

图书在版编目（CIP）数据

烹调工艺实训. 长垣美食篇 / 徐书振主编. —北京：
中国轻工业出版社，2023.4
高等职业学校餐饮类专业教材. 长垣烹饪职业技术学院
校本课程规划教材
　　ISBN 978-7-5184-1346-1

　　Ⅰ . ① 烹… Ⅱ . ① 徐… Ⅲ . ① 烹饪－方法－高等
职业教育－教材 ② 食谱－长垣县－高等职业教育－教材
Ⅳ . ① TS972.11 ② TS972.182.614

　　中国版本图书馆CIP数据核字（2017）第064762号

责任编辑：史祖福　贺晓琴　　责任终审：张乃東　　整体设计：锋尚设计
策划编辑：史祖福　　　　　　责任校对：晋　洁　　责任监印：张　可

出版发行：中国轻工业出版社（北京东长安街6号，邮编：100740）
印　　刷：三河市万龙印装有限公司
经　　销：各地新华书店
版　　次：2023年4月第1版第2次印刷
开　　本：787×1092　1/16　印张：10.5
字　　数：236千字
书　　号：ISBN 978-7-5184-1346-1　　　定价：60.00元
邮购电话：010-65241695
发行电话：010-85119835　传真：85113293
网　　址：http://www.chlip.com.cn
Email：club@chlip.com.cn
如发现图书残缺请与我社邮购联系调换
230344J2C102ZBQ

序

我在长垣做领导工作三十多年，比较熟悉长垣的县情及各个产业的状况，特别是在担任长垣烹饪协会会长后，对餐饮业的发展了解更多。书振同志作为一名专业厨师，经过两年的整理，将其师傅传授的菜品和自己多年来探索的菜品图文并茂地编写成书，并邀我作序。这是继《中餐纲目》之后，长垣又一部专门介绍厨艺的长垣美食图书。我作为长垣烹饪协会的会长，愉快地接受了这个请求。说到长垣菜，要先说一说长垣菜的构成。

长垣地处中原，厨师众多，名吃、名菜荟萃，是豫菜的主要发源地之一。长垣菜是豫菜的主要组成部分，"正宗豫菜源头，华夏烹饪之乡"，是1994年时任河南省省长的马忠臣同志对长垣厨艺的高度概括，也是对长垣菜归属的定语。

在长垣悠久的烹饪历史长河中，从厨人数众多，服务领域广阔，而且善于技术交流，取长补短，求精厨艺，采南方菜之淡甜，纳北方菜之浓咸，吸东方菜之鲜香，取西方菜之酸辣，集各地特色于一席，融众家精华于一炉，逐渐形成了具有独特风格的长垣菜。它既不失豫菜之特色，又兼各地之所长，形成了自己的一套烹调体系而闻名遐迩。

长垣菜的制作原则是，选料考究、刀工细腻、注重制汤、五味调和、质味适中。

选料考究

选料考究主要是指原料的选择。原料选择上讲究鲜活，即鲜肉、鲜蛋、鲜菜、活鱼、活虾、活蟹等；讲究部位，每种菜品都有它作为食材的最佳部位；讲究时令食材，少食不时；讲究产地，选用最佳产地食材。

刀工细腻

刀工细腻是指在刀工运用上讲究原料的成形规格，形态要求整齐划一，做到："切必整齐、片必均匀、解必过半、斩而不乱"，丝细能穿针（如豆腐丝），片薄能映字（如腰片），各种花刀（麦穗形、荔枝形、蜈蚣形、菊花形、蓑衣形、梳子形等）达到了出神入化之境，真叫"妙笔生花"。

注重制汤

注重制汤说的是在烹调过程中讲究汤汁的运用。"唱戏的腔、中医的方、厨师的汤"，厨师闯天下，味凭一勺汤。汤的质量关系到菜品的味道，长垣菜根据菜品的特点，烹饪用汤有清汤、奶汤、头汤、毛汤之分，清汤讲究"清澈见底"，奶汤要求"汤浓乳白"，汤厚挂唇，回味鲜醇。

五味调和，质味适中

这个讲的是五味运用灵活多变，但五味都不偏、不倚、不过头。按照味型不同的要求，有比例运用调味品，故有"五味调和百味鲜"之说。咸鲜味、酸辣味、甜酸味、酱香味、椒盐味、五香味、陈皮味、荔枝味、芥末味、葱椒味等二十多种味型变化无穷，各具特色。

长垣菜的特点是，淡而不薄、咸而不重、甘而不浓、酸而不酷、辛而不烈、肥而不腻。应市菜点千余种，烹调技法多达三十多种，其中葱椒炝、竹算扒、软熘、凹等技法独树一帜，极富地方特色。

长垣菜经过历代厨师的不断传承、创新与发展，孕育了许许多多的名菜、名汤、名点、名小吃等。

书振同志自1970年起师从中国烹饪大师刘国正，后又得到国宝级烹饪大师侯瑞轩的技艺传授，厨艺进步很快。1978年，经单位推荐，他通过专业理论考试和专业技能考试，被河南省政府认定为红案三级厨师。1979年在《河南日报》头版发布的省长颁发厨师证书的消息报道中，河南省第一批厨师证书颁发大会在省会郑州举行，被推荐的48名厨师，经过专业理论和实操考试，43名厨师获得了相应级别的厨师证书，年龄最大的83岁，年龄最小的只有27岁。年龄最大指的是开封又一新饭店的李春芳老师，年龄最小的就是书振同志。在这次证书颁发大会上，他结识了很多泰斗级的前辈大师，如苏永秀、陈景和、吕长海、赵继宗、郝玉民、杨振卿、杨太顺、乔长岑、高士选等，在以后的拜访学艺中，受益匪浅，对他的成长有很大帮助。

书振编写整理的这本书，可以说是对几代厨师技艺的传承与发展。经过不懈努力，如今他已成为烹饪高级技师、烹饪专业高级考评员、河南省"三名"认定委员会委员、烹饪专业国家级一级评委、中国烹饪资深级大师、中华金厨奖获得者、河南省非物质文化遗产（长垣烹饪技艺）传承人。本书的出版，对长垣餐饮业的发展，特别是对长垣青年厨师技术的提高，具有指导性意义。

长垣厨艺始终在传承中不断发展，在发展中不断创新。

本书由长恒烹饪职业技术学院徐书振担任主编，由董现莹和刘晓艳担任副主编，由付兵、付结实、白耀威、郝顺增、阔纪保、陈忠杰、杨红方、李树旺参与编写。

本书内容既适合大中专烹饪专业学生作实训教材，也适合饮食爱好者阅读，同时欢迎广大读者在阅读中提出宝贵意见。

江榜成

2016年6月

目录

CONTENTS

模块三　甜菜烹调工艺实训 / 119

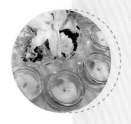

模块一

凉菜烹调工艺实训

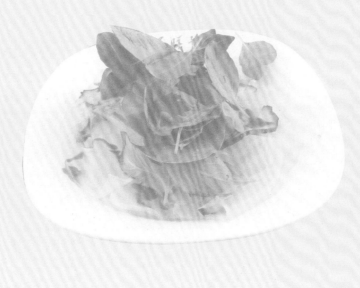

项目一　素菜烹调工艺实训

任务1　一品素鲍

主料：素鲍1个，嫩黄瓜100克。

调料：龟甲万酱油75克，青芥辣膏20克。

素鲍，是由鲍鱼汁和白灵菇制成。白灵菇被誉为"西天白灵芝"，古代时是上等贡品，它是一种食用和药用价值都很高的珍稀食用菌。其菇体色泽洁白、味道鲜美、肉质细嫩、口感细腻、清香悠长，是难得的烹饪佳品。

【制　法】

（1）将嫩黄瓜洗净，切成5厘米长的段，顺长切成薄片，整齐码在盘中。

（2）将素鲍片成薄片（越薄越好）码成原来的形状，放在黄瓜片上，周围露出丝丝黄瓜绿皮，外观如整齐的素鲍。

（3）将龟甲万酱油倒入小碗内，挤入青芥辣膏。

（4）将素鲍与兑好的料汁一起上桌。

【制作要领】

（1）黄瓜片要均匀，码时要整齐。

（2）素鲍片得越薄越好，片好后再码成原形，放在黄瓜片上。

（3）料汁中青芥辣膏的用量要根据食客的口味而定。

【特　点】

此菜爽口不腻，是下酒佳肴。

任务2　拌手撕粉皮

主料：圆绿豆粉皮100克。

配料：嫩黄瓜50克，荆芥叶25克。

调料：盐4克，蒜泥30克，香油10克，芝麻酱10克。

绿豆粉皮，性凉，味甘，最早记载于北魏《齐民要术》一书。粉皮在市场上随处可见，深受人们的喜爱。绿豆粉皮富含蛋白质等多种营养物质。人们常用粉皮做菜肴的主配料，如拌手撕粉皮、鸡丝拌粉皮、琉璃粉皮、醋焖粉皮、肉丝带底、粉皮熬炒鸡、粉皮焖肉片等。

【制　法】

（1）将圆绿豆粉皮用凉水泡软，用手撕成小片状，放开水锅内用小火反复煮，见圆绿豆粉皮透亮光滑时捞出淘凉，控干水分。

（2）将黄瓜切成片与圆绿豆粉皮同放小盆内，加入调料汁（将盐、蒜泥、香油兑成调料汁）拌匀，装在盘内，上放荆芥叶，淋上芝麻酱上桌食用。

【制作要领】

（1）粉皮要用圆绿豆粉皮，凉水泡时要泡透，便于手撕。

（2）煮时要用小火反复煮，直至透亮光滑。

（3）拌时还可以根据食者的要求，加入适量的芥末糊。

【特　点】

此菜光滑爽口，酸、辣、香味突出，是下酒佳肴。

任务3　素火腿

主料：豆腐皮500克，榨菜75克，葱、姜各15克。
调料：红豆腐乳汁35克，香油25克。

　　素火腿是由豆腐皮等原料制成。中医理论认为，豆腐皮性平味甘，有清热润肺、止咳消痰、养胃解毒、止汗等功效。豆腐皮营养丰富，蛋白质、氨基酸含量高，据现代科学测定还含有铁、钙等人体所需的多种微量元素。

制　　法

（1）将豆腐皮用刀切成25厘米见方的片。

（2）榨菜切成细丝，葱、姜切成细丝同放碗内，加入红豆腐乳汁、香油拌匀。

（3）将豆腐皮每四张为一层，撒上拌好的榨菜丝、葱姜丝，然后卷成卷，外边用粗线绳扎紧，上笼蒸制。约2小时后取出，放入方盘内，用干净布盖住，上边用墩子压住，4小时后去掉墩子，将已凉凉的素火腿解去外绳，顶刀切成2厘米厚的片状，码成马鞍桥形装在盘内，上桌食用。

制作要领

（1）豆腐皮卷制时一定要卷结实。

（2）扎外绳时要扎结实。

（3）蒸制时间宜长不宜短。

（4）一定要压实凉凉后再切。

特　　点

此菜清香不腻、有红有白，是宴席凉菜。

素火腿

任务4　酥核桃

主料：去皮净干核桃仁350克。

调料：白糖75克，植物油1000克（约耗25克）。

核桃仁性温、味甘，是世界四大干果之一（扁桃、榛子、腰果）。核桃含有较多的蛋白质及人体所必需的不饱和脂肪酸，这些成分皆为大脑组织细胞代谢的重要物质，具有滋养脑细胞、增强脑功能、防止动脉硬化、降低胆固醇的作用。

制　法

（1）将核桃仁去干净皮放开水内氽一下捞出，控干水分，放小盆内，趁热下入白糖拌匀，浸渍30分钟，倒在干净布上，摁干水分。

（2）锅内添入植物油，烧至三成热时，下核桃仁浸炸，待核桃仁色泽变为浅黄色时捞出控油，凉凉装盘。

制作要领

（1）核桃仁要使用去皮的。

（2）用开水氽的时间不宜长。

（3）用糖浸渍后要用净干布摁干水分。

（4）炸制时油温宜低不宜高。

特　点

此菜酥香爽口，为下酒佳肴，是历史名菜。

任务5　蒸野菜

主料：面条稞野菜350克。

配料：熟面粉75克，红辣椒5克。

调料：盐3克，葱花油5克，香油5克。

　　野菜的种类很多，能进行蒸制食用的野菜也相当丰富。今天我们以面条稞为食材，用于蒸野菜的制作。

　　面条稞，又称面条菜、米瓦罐，它抗寒耐冻，生长期几乎没有病虫害，可以说是一种无公害的绿色食品。面条稞以肥嫩的叶片和幼茎为食用原料，质甜味美、营养丰富，在黄河流域、长江中下游均有大量的越冬栽培，是人们比较喜爱的野菜之一。

制　法

（1）将面条稞野菜择去老叶洗净，去根，控干水分，放入小盆内，下入熟面粉拌匀，放笼格上。

（2）将蒸笼烧开上汽，拌好的面条稞野菜放在笼内旺火蒸制3分钟后出笼，略凉，用筷子抄散面条稞野菜，倒入小盆内，加入盐、葱花油、香油拌匀装盘。

（3）红辣椒洗净，片去里肉，切成细丝，放在装盘的野菜上即成。

制作要领

（1）蒸时要旺火汽足，色泽才能碧绿。

（2）红辣椒丝要切细，突显此菜的精致。

特　点

色碧绿、味清香。

任务6 香辣土豆片

主料：土豆350克。

配料：香辣酥50克，香葱段25克，芝麻5克。

调料：盐3克，辣椒油15克，植物油1000克（约耗50克）。

　　土豆，又称马铃薯，性平味甘，富含多种营养物质。它既可做菜肴，也可作主粮用于人们饮食生活中，被誉为人类的"第二面包"。

制　法

（1）将土豆洗净，削皮，切成纸一样薄的片状，放入凉水内泡净粉，然后放入盆内加入盐，腌制10分钟取出，揉干水分。

（2）锅放火上，添入植物油，烧至四成热时，下入土豆片炸制，边炸边顿火，见土豆片微黄色发焦时捞出沥油，锅内下辣椒油、香辣酥、炸好的土豆片，再下入香葱段、去皮熟芝麻，翻拌均匀，装在盘内即成。

制作要领

（1）选用小个土豆，顶刀切圆片，越薄越好。

（2）腌制时要稍放些水，便于腌制。

（3）炸前要揉干水分。

（4）炸时要用小火反复炸制。

特　点

色泽红亮，香酥可口。

任务7 卤煮杏鲍菇

主料：杏鲍菇500克。
调料：葱椒泥50克，香油50克。

卤煮杏鲍菇

杏鲍菇，性温、味甘，具有降血脂、降胆固醇、促进胃肠消化、增强机体免疫能力、防止心血管病等功效。它富含蛋白质、碳水化合物、维生素及钙、镁、铜、锌等矿物质，是人们饮食生活中不可缺少的食材。

制 法

（1）将杏鲍菇洗净，削去老根外部，投入卤水锅（熟五花肉1000克、精盐、味精、料酒、生抽、香叶、葱、姜、花椒、八角、鸡汁、卤水）内大火烧开，小火卤制约2小时，捞出凉凉。

（2）将杏鲍菇顶刀切成圆片，加入葱椒泥、香油拌匀装在盘内。

制作要领

（1）杏鲍菇洗净，削去老根部分。

（2）卤煮时掌握好卤水的口味，不要口味过重，也不要淡而无味。

（3）葱椒泥的用料是葱白500克，去皮生姜500克，花椒150克，用料酒泡软。其制作过程：葱切末，泡软的花椒剁成末，三末合在一起，用刀背砸成泥状，即成葱椒泥。

特 点

此菜色泽微黄、清爽利口、葱椒风味，是下酒佳肴。

任务8 长寿菜拌三叶香

主料：三叶香250克。
配料：长寿菜25克。
调料：盐3克，蒜泥30克，香醋30克，香油10克。

三叶香，豆科，三叶草属。原产小亚细亚南部和欧洲东南部，我国淮河以南也有栽培。它性凉、味辛，一年四季常作凉菜用于餐桌上，如：虫草花拌三叶香、杏仁拌三叶香、核桃仁拌三叶香等。

制 法

（1）将三叶香择洗干净，控干水分放小盆内。

（2）长寿菜用开水焯一下淘凉，放三叶香盆内，将盐、蒜泥、香醋、香油放入三叶香盆内拌匀，装盘即成。

制作要领

（1）三叶香择洗干净，控干水分。

（2）调味不能早，现食现拌最佳。

特 点

此菜清鲜爽口，是下酒佳肴。

任务9　香椿拌豆腐

主料：豆腐350克。

配料：香椿叶50克。

调料：盐3克，味精1克，香油30克，姜末2克。

　　豆腐，在我国已有两千多年的历史，深受人民的喜爱。它具有高蛋白、低脂肪、降血压、降血脂、降胆固醇的功效，是热凉均可、老少皆宜、养性摄生、延年益寿的美食。中医理论认为：豆腐性平味甘，具有清热润肺、止咳清痰、养胃、解毒、止汗的功效。

制　法
（1）将香椿叶洗净，放开水内焯一下，淘凉，挤干水分，用刀切成末状。

（2）豆腐切成丁状，放开水内煮透凉凉。

（3）将香椿叶、豆腐放盆内，加入姜末、盐、味精、香油拌匀，装入盘内即成。

制作要领
（1）香椿叶焯水后淘凉，切时不宜太碎。

（2）豆腐焯水后最好放在原水内凉凉，防止结块。

（3）此菜最好现拌现食。

特　点
菜分绿白，软嫩爽口，香椿风味。

任务10　菊花红皮小萝卜

主料：小红萝卜350克。

配料：小米椒25克。

调料：鱼露30克，野山椒水75克。

红皮小萝卜是萝卜的一种，有着明亮颜色，含有多种对消化有帮助的元素，如钾元素、叶酸、抗氧化成分和硫化合物。小红萝卜清脆爽口，最宜生食。

制　法

（1）将小红萝卜洗净，去根，用交叉十字花刀剞成菊花状，放在矿泉水中泡制涨开。

（2）小米椒洗净去柄。

（3）取凉开水50克，放入盛器内，加入鱼露、野山椒水、小米椒，调好口味，下入菊花状的小红萝卜，浸泡2小时后装盘。

制作要领

（1）小红萝卜要大小一致。

（2）剞花刀时不仅刀口要一致，而且要达到一定的深度。

（3）浸泡时间要足。

（4）装盘要有艺术性。

特　点

形似菊花、清爽可口。

任务11　海米拌蒜苗

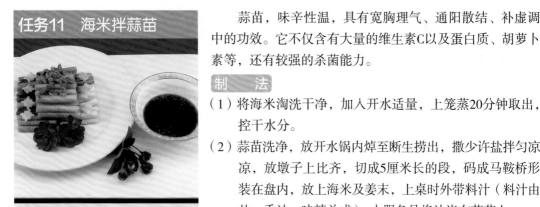

主料：蒜苗400克。

配料：海米50克。

调料：姜末10克，盐4克，香油20克，味精2克。

蒜苗，味辛性温，具有宽胸理气、通阳散结、补虚调中的功效。它不仅含有大量的维生素C以及蛋白质、胡萝卜素等，还有较强的杀菌能力。

制　法

（1）将海米淘洗干净，加入开水适量，上笼蒸20分钟取出，控干水分。

（2）蒜苗洗净，放开水锅内焯至断生捞出，撒少许盐拌匀凉凉，放墩子上比齐，切成5厘米长的段，码成马鞍桥形装在盘内，放上海米及姜末，上桌时外带料汁（料汁由盐、香油、味精兑成），由服务员将汁浇在蒜苗上。

制作要领

（1）蒜苗不宜过粗，以筷子粗为佳。

（2）焯水时不宜过火，以断生为佳。

（3）装盘时要整齐，彰显菜品精细。

特　点

此菜脆嫩爽口，是下酒佳肴。

海米拌蒜苗

任务12　青皮萝卜蘸酱

主料：青皮萝卜400克，红樱桃4个。

调料：炒黄酱75克。

　　青皮萝卜，性凉、味甘、质脆，具有清热生津、凉血止血、消食化痰之功效。它对胆结石、尿结石、高血压、高血脂、动脉硬化、肠炎、便秘患者有一定的食疗作用。胡萝卜素是一种强抗氧剂，起到保护人体细胞不受自由基损害的作用。

制　法
（1）将青皮萝卜洗净，切去头部及根部，将皮轻轻削一层，切成4厘米长的段，顺长切成0.5厘米的厚片，再顺长切成5厘米的长条状，用凉水淘一下，控干水分，码在长条盘中间，两端各放2个红樱桃。

（2）将炒黄酱装在小碗内，上桌时一起带上。

制作要领
（1）青皮萝卜要用新鲜的，否则影响口感。

（2）切萝卜条时要均匀，装盘才会整齐好看。

特　点
此菜爽脆可口，是下酒佳肴。

任务13 果藕

主料：花下藕400克。

配料：果脯10克。

调料：白糖100克，橙汁75克。

果藕

藕，又称莲菜，性寒味甘，可以生食，具有健脾开胃、止血散瘀、收缩血管、生津止渴、清热润肺、增进食欲的功效。藕富含铁、钙等微量元素，是人们较喜爱的食材。

制　法

（1）将花下藕洗净，切去关节，削净外皮，顶刀切成薄片，放凉水内泡去粉，反复三次，待没有藕粉时捞出，控干水分，装盘。

（2）果脯用刀剁成碎粒撒在藕片上。

（3）将白糖、橙汁分别放在小碗内，上桌时外带蘸食。

制作要领

（1）此菜为时令菜肴，必须使用花下嫩藕。

（2）切片宜薄宜匀，要用凉水反复泡除净藕粉。

（3）食用时白糖也可以撒在边上。

特　点

此菜爽口无渣，是时令名菜。

任务14 烤秋葵

主料：鲜嫩秋葵400克。

配料：柠檬片15克。

调料：花椒盐5克。

秋葵，又称羊角豆，味微苦、性寒，目前成为人们热追的高档营养保健蔬菜，风靡全球。它的可食部分是果荚，又分为红色和绿色两种，其脆嫩多汁、滑润不腻、香味独特，食法多样，备受欢迎。

制　法

（1）将鲜嫩秋葵洗净，用剪刀剪去柄部，放开水锅内氽一下捞出，控干水分。

（2）取烤盘，内垫锡纸，将鲜嫩秋葵逐个放在烤盘上。

（3）烤箱上下温度定在180℃，预热5分钟，放入烤盘烤制，烤12分钟取出。将鲜嫩秋葵装在盘内，柠檬片略加点缀。上桌时，外带花椒盐蘸食。

制作要领

（1）鲜嫩秋葵剪柄不要剪得太短。

（2）烤时控制好温度与时间。

特　点

此菜甘香爽口，是下酒佳肴。

任务15 麻仁茄鳝

主料：紫皮长茄子400克。

配料：干淀粉50克，去皮熟芝麻25克。

调料：盐3克，酱油2克，白糖30克，柠檬汁15克，五香粉2克，香油10克，
植物油1200克（约耗50克），清水50克。

茄子，又称落苏、昆仑瓜、紫瓜等，性凉味甘、无毒。茄子的种类很多，
形态各异，色泽有紫、有白、又有青，是人们饮食生活中最常见食材之一，
适应多种烹调方法的制作。

制　法

（1）将茄子洗净、去柄，切成5厘米长的段、将茄子除去内心，顺长切成宽条
状，拌上干淀粉。

（2）锅放火上，添入植物油，将茄子下入五成热的油锅中炸至酥脆捞出沥去
油分。

（3）锅重新放火上，添入清水，加入调料，小火熬浓，倒入炸好的紫皮长茄
子，翻拌均匀，撒上去皮熟芝麻，淋上香油即可装盘。

制作要领

（1）选用紫皮长茄子，除去内心。

（2）淀粉要拌均匀。

（3）炸时油温不宜过低，保证茄条酥脆。

（4）调味料要恰当，熬浓后再放入茄条翻拌。

特　点

酥脆香甜，形似脆鳝。

任务16 芥蓝炝香菇仔

主料：芥蓝200克，香菇200克。
配料：姜米10克。
调料：盐4克，味精2克，料酒15克，植物油500克（约耗25克），香油10克，鲜汤250克。

香菇，性凉味甘，味道鲜美，香气宜人，营养丰富，素有"植物皇后"之誉，为"山珍"之一。香菇具有高蛋白、低脂肪、含有多种氨基酸和多种维生素的营养特点。由于香菇富含谷氨酸、伞菌氨酸、口蘑酸及鹅氨酸等，故味道特别鲜美。

制　法

（1）将芥蓝洗净，削去外皮，切成4厘米长的筷子条状。
（2）香菇洗净，添入鲜汤上笼蒸1小时取出去柄。
（3）锅放火上，添入清水500克，烧沸后，加入盐，植物油少许，放入芥蓝焯一下水捞出，投入冰水中透凉捞出，控干水分，整齐地码入盘中。
（4）锅放火上，添入植物油，烧至油热五成，下入香菇炸一下，起锅渗油，香菇再用开水汆一下，除去油分，放小盆内，加入姜米、盐、味精、料酒、香油拌匀，黑面朝上，整齐地码在排好的芥蓝上，余汁倒上即成。

制作要领

（1）芥蓝焯水后用冰水淘凉，芥蓝更脆。
（2）香菇蒸烂，个头宜小。

特　点

此菜脆嫩爽口，是下酒佳肴。

任务17 同根生

主料：豆腐干150克，水腐竹200克。
配料：红绿辣椒丝5克，姜米5克。
调料：盐3克，味精2克，料酒10克，生抽10克，鲜汤50克，香油15克。

豆腐皮，又称豆腐衣，经整理加工，成为腐竹。其性凉味甘，含有人体必需的多种氨基酸，具有益中气、和脾胃、健脾、利湿、清肺等功效，对营养不良、消化能力差、糖尿病、高血压、高胆固醇、肥胖病、心血管硬化等症，有一定的食疗作用。腐竹与豆腐干同入一菜，故名同根生。

制　法

（1）将豆腐干顺长切成1厘米厚的长片状，用盐、味精、料酒、生抽、香油拌匀，摆放在盘的一周。
（2）水腐竹放开水内焯一下，用凉开水淘凉，放墩子上，用刀切成粗丝状，再切成4厘米长的条状，放小盆内，加入盐、味精、料酒、鲜汤、香料、姜米拌匀，放在摆好的豆腐干中间，上撒红绿辣椒丝即成。

制作要领

（1）选用朱仙镇豆腐干，切时薄厚要一致。
（2）水腐竹以广竹为首选。

特　点

此菜鲜香可口，是下酒佳肴。

同根生

任务18　桂花冬瓜

主料：冬瓜400克。

配料：红樱桃1个。

调料：盐3克，蜂蜜100克，桂花酱10克。

　　冬瓜，人们饮食生活的常见食材，不仅具有美味的口感，富含丰富的蛋白质、碳水化合物、维生素以及矿物质元素等营养成分，还具有很高的药用价值。《神农本草经》记载："冬瓜性微寒味甘淡无毒，入肺、大小肠、膀胱三经。它能清肺热化痰，有清胃、消除水肿之功效"。

制　法

（1）将去皮冬瓜用刀切成4厘米长、2厘米宽、1.2厘米厚的菱形块，放入小盆内，加盐腌渍30分钟，投入沸水锅中氽烫捞出，放在冰水中冰镇，捞出控干水分，放小盆内，加入蜂蜜、桂花酱拌匀，浸渍20分钟，取出装盘。

（2）将红樱桃放在冬瓜上即成。

制作要领

（1）冬瓜块不宜过大。

（2）焯水时间不宜过长。

（3）用蜂蜜浸制时间不宜太短。

特　点

冬瓜脆甜，桂花飘香。

桂花冬瓜

任务19 红枣烩百合

主料：无核红枣150克，鲜百合
150克。
调料：椰蓉酱50克。

红枣，性温味甘，具有健脾益胃、补中益气、养血安神、增加食欲、止泻等功效，百合叶片紧紧抱在一起，故得名"百合"。其肉质细嫩，洁白如玉，甘甜清香，风味别致。它不仅具有良好的营养滋补作用，还对秋季气候干燥引起的多种季节疾病有一定的防治作用。

制 法
（1）将无核红枣用水洗净，泡软，上笼蒸透。
（2）鲜百合清理干净，入冰水浸泡30分钟，捞出控干水分。
（3）将蒸透的无核红枣码在盘的外围。
（4）将鲜百合放入小盆内，加椰蓉酱拌匀，堆放在盘的中间。

制作要领
（1）无核红枣泡软蒸透。
（2）鲜百合清理后要放在水中泡，食前放在冰水中冰镇食用效果更好。

特 点
百合脆甜，食法别具一格。

任务20 咖喱茭白

主料：茭白600克。
配料：红樱桃1个，炝黄瓜皮1片。
调料：盐3克，咖喱粉15克，黄咖喱酱10克，白糖30克，味精2克，葱油5克，香油5克。

茭白，古人称为"菰"，在唐代以前，为六谷"稌、黍、稷、粱、麦、菰"之一。茭白性凉味甘，以丰富的营养价值被誉为"水中参"，其质地鲜嫩，被视为蔬菜中的佳品。它具有祛热、生津、止渴、利尿、除湿、补虚健体以及美容减肥之功效。

制 法
（1）将茭白洗净削皮，用刀切成长4厘米的菱形块，入油锅内炸一下捞出滗油。
（2）锅重新放火上，加入葱油，放入咖喱粉略炒，加入适量的清水，放入炸过的茭白及调料，烧至入味起锅。
（3）取汤盘1个，将茭白整齐地码放在盘中，红樱桃、炝黄瓜皮略加点缀。

制作要领
（1）茭白块不宜过大。
（2）炒咖喱粉时不宜过长。

特 点
色泽金黄，茭白鲜嫩，味香稍辣。

任务21 凉拌杏鲍菇

主料：杏鲍菇350克。

配料：黄瓜75克，胡萝卜75克。

调料：盐3克，味精1克，胡椒粉1克，葱油5克，香油5克。

　　杏鲍菇，性温味甘，具有降血脂、降胆固醇、促进肠胃消化、增强机体免疫能力、防止心血管病等功效。杏鲍菇营养丰富，富含蛋白质、碳水化合物、维生素及钙、镁、铜、锌等物质，是人们喜食食材之一。

制　法

（1）将黄瓜切成约4厘米长的夹刀片，码在盘的外围，成环状。

（2）杏鲍菇、胡萝卜切成火柴棒形状，放开水锅内焯一下捞出，淘净浮沫，用冰水过凉，挤干水分，放小盆内，加入以上调料拌匀，码在黄瓜圆环内略加点缀即成。

制作要领

（1）黄瓜选用嫩、直小黄瓜，夹刀片长4厘米左右。

（2）杏鲍菇焯水时要焯透，淘净浮沫再放冰水中淘凉。

特　点

清脆爽口，滑而不腻。

任务22 酒渍圣女果

主料：圣女果400克。

配料：小金橘1个，西芹片50克。

调料：石库门酒100克，青柠汁25克，蜂蜜50克，桂花酱10克。

圣女果，又称珍珠小番茄、樱桃小番茄，在国外又有"小金果""爱情果"之称。它既可作为蔬菜也可作为水果，不仅色泽艳丽、形态美观，而且味道适口。圣女果除了含有番茄所有的营养成分外，其维生素含量是普通番茄的1.7倍，被联合国粮农组织列为优先推广的"四大水果"之一。

制 法

（1）将所有调料（石库门酒、青柠汁、蜂蜜、桂花酱）兑在一起。

（2）将圣女果洗净，放入沸水锅中氽烫一下，去净外皮，放入调味汁中浸泡24小时取出装盘，用小金橘、西芹片略加点缀即成。

制作要领

（1）圣女果大小要一致，装盘才美观。

（2）氽烫时水要沸，外皮才好去。

（3）调料汁浸泡时间不宜过短，否则不入味。

特 点

酒香浓郁，酸甜可口。

任务23 蒜苗拌黑干丝

主料：嫩蒜苗300克，黑豆腐干150克。

配料：红辣椒丝5克。

调料：盐4克，味精1克，料酒10克，姜汁10克，鲜汤10克，香油10克。

蒜苗，性温味辣，富含多种营养成分，不仅具有醒脾气，消积食的作用，而且还有杀菌、抑菌作用，对预防疾病有一定的防治作用。豆腐干营养丰富，含有大量蛋白质、脂肪、碳水化合物，还含有钙、磷、铁等多种人体所需要的矿物质。

制 法

（1）将蒜苗择净，放开水锅内焯一下捞出，控干水分，撒点盐，淋点香油拌匀凉凉。

（2）黑豆腐干用开水烫一下，控干水分，中间片开，切成细丝放小盆内，加入调料拌匀，装在蒜苗中间，上放红辣椒丝即成。

制作要领

（1）蒜苗要选用筷子粗细长短，不宜过细过大。

（2）蒜苗焯水时要断生，但不宜过烂。

（3）黑豆腐干切成火柴棒粗细为佳。

特 点

此菜脆嫩爽口，传统名肴，是下酒佳肴。

任务24 蒜苗口水茄子

主料：茄子300克。

配料：蒜苗100克。

调料：豆瓣酱，豆豉，芝麻酱，花生酱，生抽，柠檬汁，白糖，香醋，味精，料酒，葱，姜末，香油，十三香粉，胡椒粉，红油，盐。

　　茄子，又称矮瓜、昆仑瓜，性凉味甘，是人们饮食生活中最常见的一种食材，它具有清热止血、消肿止痛的作用，对发热、便秘、坏血病、高血压、动脉硬化、眼底出血有一定的食疗作用。虚寒腹泻者禁食。

制　法

（1）口水汁料的制法：锅放火上，添入香油，下入葱、姜末、豆瓣酱、豆豉炸一下，添入水，下入所有调料烧沸，倒出。

（2）将蒜苗择洗干净，放开水锅内焯熟淘凉，用刀切成5厘米长的段，码在盘的一端。

（3）茄子洗净去柄削皮，顺长切成长块状，上笼蒸熟凉凉改刀，放在盘内，浇上口水汁料即成。

制作要领

（1）蒜苗要用嫩、细状的，否则影响菜品美观。

（2）茄子去皮，顺长切，蒸熟凉凉后装盘。

（3）口水汁料要根据食客需求进行调味。

特　点

此菜色泽鲜艳，是下酒佳肴。

任务25 瑶柱鲜芦笋

主料：嫩芦笋300克。

配料：干瑶柱50克，姜米3克。

调料：盐3克，味精1克，料酒10克，香油5克，鲜汤10克。

芦笋，又称石刁柏、芦尖、龙须菜等。性温味甘，质地鲜嫩，营养丰富，是一种名贵蔬菜，膳食纤维柔软可口，能增进食欲，帮助消化，富含多种营养成分。芦笋与瑶柱成菜，是一种妙配美食，不仅色泽鲜艳，口味清鲜，而且脆嫩爽口。

制 法

（1）将嫩芦笋洗净，放开水锅内焯熟捞出，用冰水淘凉，用刀切成4厘米长的段状，加入盐、味精、料酒、香油、姜米、鲜汤拌匀，整齐地码在盘上。

（2）干瑶柱去筋，加入鲜汤适量，上笼蒸透取出，用手搓成丝，加调料略拌放在嫩芦笋上即成。

制作要领

（1）嫩芦笋大小要一致，以细小为佳。

（2）焯水要适度，不宜过火。

（3）调味宜淡不宜重。

特 点

色泽鲜艳，脆嫩爽口。

任务26 油浸黄瓜

主料：黄瓜500克。

配料：水香菇丝25克，辣椒丝25克，葱姜丝10克。

调料：白糖50克，香醋50克，香油50克，盐4克，花椒3粒，花生油适量。

黄瓜，又名胡瓜、青瓜等。一年生草本植物，已有两千多年栽培历史。黄瓜食用价值大，生、熟、腌、酱均可，是我国主要食用蔬菜之一。黄瓜性味甘、寒、无毒，营养丰富。它含糖类、蛋白质、维生素B_1、维生素B_2，其蒂多苦味，主要成分为葫芦素，而葫芦素具有抗肿瘤作用。黄瓜适应多种方法的制作。

制 法

（1）将黄瓜洗净，先倾斜切黄瓜4/5，翻面再直切4/5，放盆内，加入盐腌一下，平放在笊篱内备用。

（2）锅内添花生油，油热至七成，用勺舀花生油往黄瓜上浇，浇至黄瓜呈碧绿色沥油，装在盘内。

（3）锅内添入香油，先将花椒下锅炸一下捞出，下入配料（水香菇丝、辣椒丝、葱姜丝）、调料（白糖、香醋、盐）炒成汁，盛在黄瓜上，即成。

制作要领

切黄瓜要注重刀工。

特 点

色形美观，脆鲜不腻，酸、甜、辣、麻、咸五味俱全。

油浸黄瓜

任务27　盐水毛豆

主料：嫩毛豆荚350克。

配料：葱段、姜片各10克，花椒50克。

调料：盐8克。

毛豆是大豆的嫩粒荚果，属豆科植物，以东北产量最多。毛豆富含蛋白质、脂肪、碳水化合物、胡萝卜素、维生素B_1、维生素B_2等营养物质。中医认为：毛豆性味甘平，具有健脾中、润燥消水等功效。

制　法

（1）将嫩毛豆荚用双手搓去外边的茸毛洗净，用剪刀剪去两端的尖部。

（2）锅放火上，添入清水500克，下入葱段、姜片、花椒、嫩毛豆荚，大火烧开，小火煮制，嫩毛豆荚基本成熟时下入盐起锅离火泡制入味，拣出葱段、姜片、花椒。

（3）将嫩毛豆荚装在盛器内上桌即可食用。

制作要领

（1）毛豆荚要嫩、要鲜。

（2）搓净茸毛，剪去两端的尖部。

（3）煮制时间恰到好处，不宜过生。

特　点

此菜脆嫩爽口，是下酒佳肴。

任务28　腐皮生菜卷

主料：生菜300克。

配料：豆腐皮100克。

调料：盐6克，生抽10克，香醋30克，蒜泥10克，香油5克。

腐皮，又称豆腐皮、油皮，色泽微黄，筋道爽口，含有丰富的优质蛋白，营养价值较高，具有清热润肺、止咳消痰、养胃解毒之功效。生菜，又称叶用莴苣，属菊科，一年生草本植物，色碧绿，质脆嫩，多以生吃为主，故名生菜。此菜用腐皮卷着生菜，制成卷状，二者合一，改刀装盘，然后蘸料汁食用，是一道爽口的凉菜。

制　法

（1）将盐、生抽、香醋、蒜泥和香油调成调料汁待用。

（2）将生菜洗净，控干水改刀。

（3）将豆腐皮展开，裁成30厘米宽的长片。

（4）将生菜放在豆腐皮上，卷成指头粗细的卷状，用刀切成5厘米长的段，整齐地装在盘内，上桌时外带调料汁即成。

制作要领

（1）生菜卷要卷结实，不能太松。

（2）生菜卷不宜过粗，装盘要整齐。

特　点

脆嫩爽口，下酒佳肴。

任务29　凉拌鲜柳絮

主料：鲜柳絮400克。

配料：红辣椒丝5克。

调料：盐5克，醋30克，蒜泥15克，香油10克。

柳絮即春天柳树的嫩芽，性凉味苦，色泽碧绿，质感软嫩，是春季树头菜之一（春季树头菜有柳絮、香椿、榆钱、槐花）。口味虽苦，但多数人喜食，以蒜泥凉拌最为常见。柳絮不仅作为春季野菜食用，还可作为中药，用于凉血止血，解毒消痛的疾病。

制　法

（1）将初春刚出芽的嫩柳絮采下来，淘洗干净，下入开水锅内焯熟捞出，放凉开水内淘凉，控干水分。

（2）将盐、醋、蒜泥、香油兑成汁，浇在柳絮上搅拌均匀装盘，放上红辣椒丝即可食用。

制作要领

（1）柳絮焯水时水要宽、火要旺。

（2）出锅要及时，柳絮淘凉后最好泡一泡去除其苦味。

特　点

清爽利口，春季佳肴。

任务30　泡菜

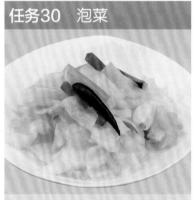

主料：包菜4000克，黄瓜、胡萝卜、芹菜梗共1000克。

配料：干红辣椒、大蒜瓣共100克。

调料：凉开水2500克，盐50克，白醋400克，白糖500克。

泡菜，是将所泡原料放在泡卤中，经泡制，达到入味成为能食用的菜品。适应泡制的原料种类很多，植物脆性原料均可泡制，因地域不同，所泡制泡菜的特点也不大相同，比较著名的有四川泡菜、广东泡菜、朝鲜族泡菜、河南泡菜等，以香气浓郁、质地清脆、咸酸适度、稍有甜味、色泽鲜艳、清脆爽口为特色。

制　法

（1）将包菜去根茎切成大块，黄瓜、胡萝卜切成5厘米长的筷子条状，芹菜梗切成3厘米的段（以上原料先洗再切后用开水烫一下，控干水分备用）。

（2）将干红辣椒、大蒜瓣洗净放入泡卤中，随后将所烫原料放入泡卤中抄拌均匀泡制，24小时后即可食用（中间要抄拌几次，使其滋味均匀）。

制作要领

（1）原料烫制要适度，不宜过重。

（2）泡制时间要长一些，味道更好。

（3）在夏季，放入冰箱存放，口味更佳。

特　点

此菜微咸、微甜、微辣，清脆爽口，是下酒佳肴。

任务31　拌全菜

主料：嫩菠菜50克，胡萝卜细丝50克，绿豆芽50克，炸豆腐干丝50克，干粉条50克。

调料：盐5克，香醋25克，蒜泥25克，香油25克，芥末泥15克。

拌全菜是长垣民间风味菜，因所拌菜品原料多样，故称全菜。又因拌全菜清爽可口，特别是夏季更受人们的喜欢。

制　法

（1）干粉条先用凉水洗一下放开水锅内煮至完全回软捞出淘凉。

（2）绿豆芽、胡萝卜细丝、嫩菠菜放开水内焯至断生，捞出淘凉与炸豆腐干丝、粉条放在小盆内。

（3）将所用调料（盐、香醋、蒜泥、香油、芥末泥）兑成汁浇在所拌原料上，用筷子抄拌均匀装在盘内即成。

制作要领

（1）粉条的软筋程度要煮至恰到好处不能欠火也不宜过火。

（2）调味时要突出酸、辣、香、爽。

特　点

此菜酸辣爽口，是下酒佳肴。

任务32　挤辣包菜

主料：包菜500克。

配料：葱丝、姜丝、干辣椒丝各10克，香菇丝、火腿丝各15克。

调料：盐5克，酱油3克，味精1克，料酒15克，白糖25克，香醋25克，花椒油50克，鲜汤75克。

包菜，也称洋白菜、包菜心、结球甘蓝等。它性平味甘，是人们常食用的蔬菜之一。包菜的吃法也很多，可泡、可炒、可拌、可炝等，可热食、可凉食，素荤相配。

制　法

（1）将包菜去根洗净，切成细丝，放开水内焯一下捞出挤干水分，放入小盆内。

（2）锅放火上，添入花椒油，油热至五成，将五种丝（葱丝、姜丝、干辣椒丝、香菇丝、火腿丝）下锅煸炒，兑入鲜汤，下入调料，汁炒浓后倒入包菜丝内，用筷子抄拌均匀装盘内即成。

制作要领

（1）包菜丝切得宜细不宜宽。

（2）焯水宜轻不宜重。

（3）挤水时水分要挤干。

（4）炒汁要炒浓。

特　点

此菜色泽红润，口味辣香，是下酒佳肴。

挤辣包菜

项目二 荤菜烹调工艺实训

任务1 椒盐河虾

主料：河虾350克。

配料：鸡蛋1个，面粉75克。

调料：盐3克，花椒盐3克，植物油1250克（约耗50克）。

　　河虾，广泛分布于我国江河、湖泊、水库和池塘中。它肉质细嫩、味道鲜美，是高蛋白低脂肪的水产品，颇得食者青睐。河虾体内很重要的一种物质就是虾青素，是目前最强的一种抗氧化剂，颜色越深，虾青素含量越高。

制　　法

（1）将河虾洗净，控干水分。

（2）鸡蛋破壳放入盆内，加入盐搅匀，放入洗净的河虾搅匀，再放入面粉拌匀。

（3）锅放火上，添入植物油，烧至油热五成，将河虾逐个用筷子拨入锅内，河虾炸制酥焦时捞出控油，装在盘内，上撒或外带花椒盐即可。

制作要领

（1）河虾挂糊不宜过多。

（2）炸时火力不宜过大。

（3）达到酥焦香。

特　　点

色泽红黄，酥焦可口，椒盐风味。

任务2　陈皮兔肉

主料：兔肉500克。

配料：葱段25克，姜片25克，干红辣椒5克，八角适量，干陈皮30克。

调料：盐5克，酱油15克，味精2克，料酒25克，白糖10克，鲜汤500克，香油25克，清油750克（约耗25克）。

陈皮，即橘子的外皮，经晒干后，称为陈皮，存放的时间越久，陈皮的味越足，陈皮既属中药，也属于调味料。

兔肉分为野生兔肉和养殖兔肉两种，以野生兔肉为佳。兔肉凉性，味甘，营养价值较高，具有补中益气、凉血解毒、清热止渴之功效，是高蛋白、低脂肪、低胆固醇的肉类原料，是肥胖症患者的理想肉食。

制　法

（1）将兔肉去骨切成指头肚大小的丁状，放小盆内，加入5克盐、15克酱油拌匀备用。

（2）干陈皮用凉水洗净放碗内，加入开水100克，用盘扣住，焖15分钟取出陈皮。

（3）锅放火上，添入清油，烧至七成热时，将兔肉入锅炸，炸成柿黄色时捞出，将油沥出，锅中留底油25克再放火上，下入葱段、姜片、干红辣椒、干陈皮、八角炸一下，兑入陈皮水、味精、料酒、白糖及鲜汤，再倒入兔肉，大火烧开，小火收汁，待汁基本收尽，下入香油，炒拌均匀出锅即成。

制作要领

（1）兔肉切得不宜太小。

（2）收汁不宜大火。

特　点

色泽柿红，干香可口，陈皮风味。

陈皮兔肉

任务3　干煸蚕蛹

主料：蚕蛹350克。

调料：葱段、姜片各25克，盐5克，调和油150克（约耗40克）。

蚕蛹，含有丰富的蛋白质和多种氨基酸，有七个蚕蛹一个蛋的说法。蚕蛹是体弱、病后、老人及产妇的高级营养补品。蚕蛹对机体糖和脂肪代谢能起到一定的调节作用。

制　法

（1）将蚕蛹洗净后放入锅内，添入清水，下入葱段、姜片、盐煮熟，倒在汤盆内泡2小时，控干水分，拣出葱段、姜片。

（2）将锅放火上，烧热，下入蚕蛹煸出蚕蛹本身的水分。锅内放调和油，继续煸炒，至抻腰发出响声后控油装入盘中。

制作要领

（1）蚕蛹要洗净。

（2）煮制时要煮熟泡入味。

（3）先干煸除水分，再下油煸炒。

（4）煸炒时火宜小，直至煸炒脆香，控油装盘。

特　点

色紫红、脆香可口。

任务4　炸金蝉

主料：蝉350克。

配料：去皮熟芝麻25克。

调料：葱段、姜片各25克，盐5克，植物油1000克，孜然粉5克，辣椒面5克。

蝉，是知了的幼身，又称爬猴，味咸甘，性寒无毒。《本草纲目》记载：内黄有一物，名爬猴，以油炸之，味奇香，具有治百病之功效。它含有蛋白质，高营养，是养生滋补品。知了晒干可入中药，但有人吃了过敏，所以吃时要注意。

制法

（1）将蝉用水淘洗干净。

（2）锅放火上，添入清水，下葱、姜、盐及蝉，用火烧开，倒在盆内浸泡2小时，控干水分，拣出葱段、姜片。

（3）锅内添植物油，烧至六成热时，下入蝉炸制，边炸边捞在笊篱内用勺拍制，直至蝉身发扁，待酥脆时起锅滗油，随将蝉倒入锅内，下入去皮熟芝麻、孜然粉、辣椒面翻拌均匀后装入盘中即成。

制作要领

（1）蝉要洗净。

（2）煮制后要泡入味。

（3）炸制时油温不宜过低。

特点

色泽红亮，酥脆爽口，孜然风味。

任务5　厨乡套肠

主料：猪大肠、小肠10千克。

调料：老卤汤适量，盐150克，香醋20克，料包（花椒、小茴香、八角、白芷、良姜、丁香、桂皮、千里香、草果、香叶、肉扣、草寇、陈皮、白蔻）。

　　猪肠，味甘性寒，具有润燥、补虚止渴止血之功效。

　　厨乡套肠因加工精致卤味恰当，在长垣是一道较为出名的菜肴，可单独食用，也可与白菜、菠菜、黄瓜等拌食。

制　法

（1）将大小肠翻过面用盐、香醋反复翻洗几次至洗净，然后将小肠装进大肠内，装紧装实，放开水内氽透捞出。

（2）老卤汤放火上烧开，下入料包、食盐和氽透的套肠，大火烧开，小火卤制并不断地将肠用竹签扎放汽，约4小时捞出，凉凉。顶刀切片或块，装在盘内，上桌时外带蒜泥、香醋、香油汁。

制作要领

（1）洗肠时先将肠外的油撕净，翻过面，再用盐、香醋搋，待浓稠时用清水洗净，反复三次。

（2）小肠套大肠时要装实。

（3）卤制时间宜长不宜短。

特　点

此菜爽口不腻，传统名菜，是下酒佳肴。热食也具有一番风味。

任务6 普通卷尖

主料：瘦猪肉500克。

配料：粉芡100克，葱姜末50克，鸡蛋3个。

调料：盐5克，酱油25克，味精1克，料酒5克，十三香5克，香油10克，蒜泥10克，香醋25克。

　　普通卷尖，长垣厨乡历史名菜，由猪腿肉、鸡蛋、淀粉等原料加工而成。猪腿肉，味甘性平，含有丰富的蛋白质及矿物元素等营养成分。它具有补虚强身、滋阴润燥、丰肌泽肤的作用。普通卷尖是人们喜爱的一道美食，餐桌上常以冷菜上桌。

制　法

（1）将瘦猪肉用刀剁碎，加入鸡蛋1个、粉芡90克、葱姜末、酱油、味精、盐、料酒、十三香、凉水，用手搅拌上劲。

（2）取鸡蛋1个破壳放入碗内，加入粉芡5克，盐少许用筷子搅匀，在炒锅内摊1张鸡蛋皮，一切两开。

（3）取鸡蛋1个，破壳放入碗内，加入粉芡5克用筷子搅匀。

（4）取鸡蛋皮齐边朝里，将肉馅分别放在鸡蛋皮上，外边抹上蛋液，从一端起卷成卷，放在抹油的平盘上，上笼用小火蒸制，约40分钟下笼，上边盖净布，用墩子压实，凉凉切片装盘，上桌时外带蒜泥、香醋、香油。

制作要领

（1）剁瘦猪肉时，瘦猪肉剁得不宜过细 。

（2）搅拌肉馅要上劲。

（3）蒸制时用小火。

（4）下笼后要用墩子压实、凉凉。

特　点

此菜口味鲜咸，是下酒佳肴。

任务7　芥末拌肚丝

主料：熟白肚350克。

配料：葱白50克。

调料：盐4克，香醋25克，芥末糊25克，香油5克（将调料兑成汁）。

猪肚，味甘，性温。猪肚含有蛋白质、脂肪、碳水化合物、维生素及钙、磷、铁等，具有补虚损、健脾胃的功效，适应于血气虚损、身体虚弱者食用。芥末拌肚丝深受食客喜爱。

制　法

（1）将熟白肚先用刀冲开，切成4厘米宽的大片，再用刀将熟白肚片成薄片，以上片完后，切成细丝，放小盆内，加入调料汁拌匀装盘。

（2）葱白切成细丝放在熟白肚丝上边即成。

制作要领

（1）要使用熟白肚（没有盐味的熟肚）。

（2）切丝时宜细不宜粗。

（3）使用芥末糊时要根据人的口味需要而定。

特　点

此菜酸辣爽口，是下酒佳肴。

任务8　酒醉罗汉穿凤翅（偷梁换柱）

主料：鸡翅中500克。

配料：罗汉笋150克。

调料：醉鸡料汁（女儿红75克，冷鸡汤50克，精盐3克，味精2克，料酒15克，姜片10克，葱白段20克，香叶2克）。

鸡翅，是人们饮食生活中常吃食物，富含多种营养物质，以炸、卤、蒸、炖、烧、扒最为常见。此菜以罗汉笋和翅中为原料，经初步加工后采用醉汁浸泡的方法成菜，更受人们青睐。

制　法

（1）将罗汉笋焯水、烧透、冲凉用刀切成4厘米长的段。

（2）鸡翅中截去两头骨节，焯水后洗去血污，加点汤上笼蒸熟，凉凉后抽出翅骨，将罗汉笋穿入鸡翅中，放小盆内。

（3）将醉鸡料汁调匀，倒入鸡翅中浸泡，约12小时浸透装盘。

制作要领

（1）鸡翅中宜蒸熟，不宜煮制。

（2）翅骨宜凉出，不宜热出。

（3）浸泡时间要足，短者不入味。

特　点

此菜脆嫩爽口，是下酒佳肴。

任务9　西芹鱼片

主料：黑花鱼肉250克。
配料：嫩西芹100克。
调料：盐3克，味精1克，红椒丝5克，姜米3克，干淀粉15克，料酒10克，鲜汤25克，香油10克。

　　西芹鱼片，由黑花鱼与西芹等原料合制而成。黑花鱼，又称生鱼，性寒味甘，为淡水名贵鱼类。有"鱼中珍品"之称，是一种营养全面、肉味鲜美的高级保健品，一向被视为病后康复和老幼体虚者的滋补珍品。黑花鱼具有补心、养阴、解毒去热、补脾利水、祛瘀生新等功效。

制　法
（1）将嫩西芹抽筋洗净，用刀片成长薄片，放开水内焯一下捞出凉凉，放小盆内，加入盐1克、香油2克、味精、料酒拌一下，码在盘的外围成环状。
（2）将黑花鱼肉用刀片成厚皮状，放入凉水内泡去血污，捞出控干水分，拌上干淀粉，放入开水锅内滑熟捞出，放在凉开水内淘凉，控干水分，放小盆内，加入姜米及调料拌匀，码在嫩西芹环内，上放红椒丝即成。

制作要领
（1）嫩西芹片不宜过厚过长，否则影响装盘美观。
（2）黑花鱼片不宜太薄，否则容易碎。
（3）调味要突出姜的辣味。

特　点
此菜脆嫩爽口，是夏季佳肴。

任务10　盐水蛏子

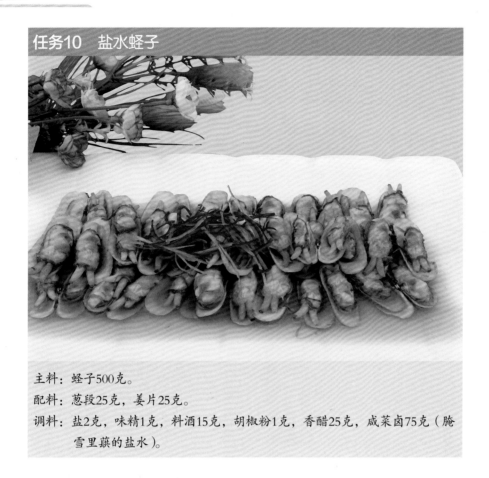

主料：蛏子500克。

配料：葱段25克，姜片25克。

调料：盐2克，味精1克，料酒15克，胡椒粉1克，香醋25克，咸菜卤75克（腌雪里蕻的盐水）。

蛏子，学名缢蛏，性寒、味甘咸，属软体动物，生活在海洋中，常见海鲜食材，具有补阴、清热、除烦之功效。每到夏季，人们都喜欢品尝。盐水蛏子，又名咸菜卤煮蛏子，最早始于浙江宁波地区，现在流行全国各地。

制　　法
（1）将蛏子去除泥垢，用清水洗净，放入盐水中浸泡2小时，至蛏子中的泥沙排出后，再捞出用清水洗净。

（2）炒锅上火，放入咸菜卤、清水、葱段、姜片、料酒、盐、蛏子，待烧滚后再稍煮片刻，见蛏子挺起，肉质成熟即放味精，用漏勺捞起装盘，锅中卤倒入碗内稍停片刻，将清卤倒入盛蛏子的盘中撒上胡椒粉，外带香醋供蘸食。

（3）食用时，将蛏子剥开去除附在蛏子肉上的两根黑线状的肠子。

制作要领
蛏子要洗净，加热断生为度。

特　　点
蛏肉结实鲜嫩，卤汁香浓，鲜咸适口。

任务11　酱瓜鸡

主料：鸡腿肉500克，花生米1000克，酱瓜250克。
配料：葱段、姜片、干红辣椒各50克。
调料：盐适量，甜面酱100克，酱油25克，清油10克，花椒25克，鲜汤500克。

　　酱瓜鸡，是一道传统凉酱菜。它由去皮花生米、酱瓜、鸡腿肉合制而成，酱红的颜色，脆嫩爽口的质感，回味无穷的香味，给人以食欲感，再加上有少量的辣椒调味，真是美不胜收。它作为御宴的凉菜，常用于宫廷宴席之中。

制　　法
（1）将去皮花生米淘洗干净用凉水泡一下，放开水锅内煮熟捞出，控干水分备用。
（2）鸡腿肉先切成指头条状，再切成筛子丁状，酱瓜洗净略泡一下切成丁状。
（3）锅放火上，添入清油，下入花椒25克炸一下捞出，随后下入葱、姜、干辣椒煸炒，依次投入鸡腿肉、酱油煸炒，待鸡腿肉煸散发干时，倒入去皮的花生米、酱瓜、鲜汤及调料，用大火烧开，小火收汁，待汁基本收尽时，色泽棕红，起锅倒在盆内。用筷子拣出葱段、姜片、干红辣椒，凉凉食用。

制作要领
（1）花生米一定要去红皮煮熟，酱好才透明。
（2）鸡腿肉煸炒时要煸干。
（3）面酱调色调味要恰到好处。

特　　点
此菜酱香微辣，是下酒、佐餐佳肴。

酱瓜鸡

任务12 盐水虾

主料：鲜虾500克。

配料：葱段、姜片各15克，花椒5克。

调料：盐6克，醋、姜米少许，料酒10克。

盐水虾，在入味卤制过程中，不加酱油之类的有色调味品，其卤汁如盐水一样清澈，故称盐水虾。盐水虾在菜品的应用上多以冷菜为主。它以河青虾为原料，经过焯水，再入锅卤制后，以独盘或拼盘上桌。红润的色泽，鲜香的味道，质感爽口的虾肉，历来被视为一道美食。

制 法

（1）将鲜虾洗净，从鲜虾眼前边将虾须、虾腿剪掉，放在开水中余一下捞出，葱、姜同花椒放在一起。

（2）锅放火上添水适量，加入葱、姜、花椒、盐、料酒，水沸后将鲜虾放入，水再沸时倒出；凉凉装盘浇上原汁，即可食用。上桌时，外带姜米、醋汁。

制作要领

煮虾要掌握好火候。

特 点

此菜嫩鲜可口，是佐酒佳肴。

任务13 炝鱼鳃腰片

主料：猪腰子4个。

配料：黄瓜片50克，牛毛姜丝5克。

调料：盐5克，味精2克，料酒10克，葱椒泥5克，鲜汤20克，香油20克。

炝鱼鳃腰片，以猪腰子为原料。猪腰子，性平味咸，色泽红亮，质感脆嫩，是常见的烹饪食材之一。它具有补肾强身的功效，对肾虚腰痛、肾虚遗精、小便不利、身面水肿、老人耳聋等症有一定的食疗作用。

制 法

（1）将猪腰子除净腰臊后放凉水中洗一下，光面朝上放墩子上。

（2）顺长划上花纹，深度为7/10。

（3）调头片成薄片，每3刀片下，依此片完。

（4）放在开水内过一下捞出，用凉开水淘凉，放入盘内，浇上调料汁（盐、味精、料酒、葱椒泥、鲜汤、香油兑成汁）即成。

制作要领

（1）腰片越薄越好。

（2）过水时水要宽火要旺，出锅要快。

特 点

此菜脆嫩爽口，是下酒佳肴。

任务14　风干兔肉

主料：兔子10只（重约10千克）。

调料：盐400克，酱油1000克，料酒400克，甜面酱500克，冰糖200克，花椒、八角、白芷、肉桂、良姜、草果、砂仁、丁香共250克（制成大料包），鲜姜片250克。

　　风干兔肉，长垣厨乡传统卤菜，多为秋冬两季制作。将整理干净的鲜兔肉，经过腌制后挂在通风透风处风干，然后入卤锅卤制。

制　　法

（1）去掉风干好的兔子头和四个爪尖，肚朝上剁掉2只大腿，剁掉后腿，腰窝剁2截，冲掉两只前腿，放凉水中洗净，捞入开水锅内汆透，再捞入凉水盆内。

（2）用净锅1口，先将头和脊骨上的死皮抠掉，排在锅底，放上大料包（由花椒、八角、白芷、肉桂、姜、苹果、砂仁、丁香制成），其他皆用手指抠净，分类排好，加入以上调料；甜面酱用开水和开，倒在肉上，冰糖捣碎撒在上边。

（3）锅放火上，添入开水，至淹没肉为止，盖上盖，压上石块，大火烧滚，移小火上煮制3.5小时，至汁剩20%即熟。将锅中水凉凉，把肉捞在盆内，刷净肉上浮沫，吃时用手撕成丝。冬季可保存15天。

制作要领

兔子要先用凉水洗净，再放开水锅中汆透，再放凉水盆中。

特　　点

浓烂鲜美，五香风味。

任务15　麻腐拌鱿鱼

主料：麻腐250克，发好的水鱿鱼250克。

配料：香菜叶2克。

调料：盐6克，香醋40克，蒜泥20克，香油15克。

麻腐，是在制作凉粉即将出锅时，将芝麻酱加入并搅匀，盛出凉凉冷却后即成麻腐。麻腐多为夏季时令凉菜，如麻腐拌海参、麻腐拌蹄筋、麻腐拌鱿鱼等。此菜酸辣爽口，芝麻酱风味浓郁。

制　法

（1）麻腐切成坡刀片，放汤盘内。

（2）鱿鱼片成片后除净碱味放在麻腐上，浇上菜品料汁（盐、香醋、蒜泥、香油兑成汁），放上香菜，上桌食用。

制作要领

（1）麻腐片不宜太厚、过大。

（2）突出酸辣香味。

特　点

此菜酸辣爽口，是夏季佳肴。

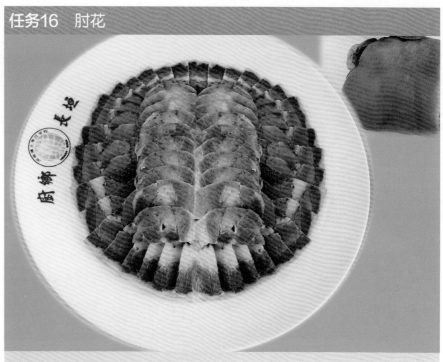

任务16　肘花

主料：猪前肘650克。

调料：盐100克，花椒16克，砂仁面20克，卤汤2千克。

　　肘花，又称砂仁肘子，长垣厨乡传统卤菜。此菜由猪前肘子去骨后用盐、花椒腌制。在捆扎肘子前用少量的砂仁面均匀地撒入肉中，将肘子捆扎后入卤锅卤制，卤熟后捞出略凉，再将肘子扎紧，直至凉凉后解包切片装盘。

制　法

（1）将盐同花椒一起炒熟，猪前肘骨头剔净，花椒、盐掺匀。猪前肘用刀划一下，平铺在案板上，撒上掺好的花椒和盐，用手搓匀腌制，每天坚持揉2次，7天即可腌透。

（2）将腌好的猪前肘放盆内，去净猪毛，皮肉分离，放凉水里浸出盐味，放开水锅内氽一下，用凉水淘凉，用刀将猪前肘切成大片。皮铺在案板上，1层白肉1层红肉铺好，铺1层撒1层砂仁面。全部铺好，卷成卷，用绳子把猪前肘肉缠牢，下卤汤内卤制，待2小时后捞出紧绳，凉凉后去掉绳，切成片装盘食用。

制作要领

（1）腌制肘子时，要将花椒、盐搓匀。

（2）腌肘子的时间要控制在7天，否则难以腌透。

特　点

此菜红白相间，香鲜爽口，是下酒佳肴。

项目三　冷拼烹调工艺实训

任务1　传统四拼八样

主料：肘花拼荷兰豆，酱牛肉拼炝香菇或泡山野菜，猪肝拼莲菜，桶子鸡拼芥蓝，鸡丝拼紫菜，盐水虾拼菠菜泥，香肠拼白菜卷等。

　　古蒲长垣，是孔子多年讲学活动的地方。子路是长垣有文字记载的第一任县令。长垣烹饪，深受孔子"食不厌精，脍不厌细"饮食思想的影响，传统四拼八样馒头盘，就是其中的一种艺术表现，深受食客的称赞。它以八种荤素不同，色泽不同，口感鲜香的食材为原料，经过精细加工，八种食材拼摆在四个盘中，每盘各拼一荤一素成馒头状，故称四拼八样。因刀工精细、成形美观、口味多变、色泽鲜艳，在长垣各种宴席使用上经久不衰。

　　四拼八样在使用原材料上比较广泛，口味比较多变。如：盐水虾拼姜汁毛豆、酱牛肉拼油激黄瓜、卤口条拼辣味白菜卷、香肠拼菠菜泥、桶子鸡拼芦笋、普通卷尖拼油炝香菇、松花鸡腿拼眉豆、猪肝拼莲菜、五香板肚拼炝芥蓝、肘花拼荷兰豆、卤牛腱拼雪里蕻等，原料拼摆变化无穷。

制　　法
按照荤素搭配、色泽搭配，拼摆成形。

制作要领
（1）原料荤素搭配合理。
（2）原料色泽搭配协调。
（3）口味变化要多样，
（4）刀工加工要精细。
（5）拼摆形状要饱满。
（6）盘与盘之间拼摆菜量要相同。

特　　点
颜色艳丽，富有情趣。

任务2　铁塔行云

主料：鸡蛋干2袋，香肠1根（约100克），三明治火腿100克，五香牛腱肉100克，卤猪肝100克，自制紫菜卷50克，酱胡萝卜50克，白萝卜200克，冬瓜100克，青皮萝卜50克，小黄瓜2根。

冷菜装盘方法常见的有独盘（又称单盘）、双拼盘多拼盘、象形拼盘等。象形拼盘又称艺术拼盘，起源于五代时著名女厨师梵正，以创制辋川小样风景拼盘而驰名天下。将菜肴与造型艺术融为一体，使菜上有山水，盘中溢诗歌已成为神话故事，孕育指导着后人不断传承、发展、创新，出现了许许多多平面的、半立体的、立体的各种艺术拼盘。铁塔行云就是其中的一种表现，它以古蒲铁塔为背景，采用多种酱、腌、卤、炝多种熟制方法烹制的食材为原料，经过艺术的手法拼摆而成，展现在食客面前的艺术拼盘，犹如一幅美丽的画卷，食者在享受美食的过程中，吃出的是营养，欣赏的是艺术，富有诗意的是文化。

制　法

（1）白萝卜切2厘米长，1厘米宽，0.3厘米厚的片雕刻白云。

（2）取冬瓜皮雕刻出"铁塔行云"字样。

（3）鸡蛋干一块雕刻铁塔放置拼盘右上角、其余均雕刻松树树枝的形状。小黄瓜雕刻出松针。

（4）三明治火腿、五香牛腱肉、卤猪肝等原料均切成凤尾片，拼装成假山石样。

（5）取白萝卜一块雕刻仙鹤身体并拼摆身体上的羽毛。上桌时，外带调料汁。

制作要领

原料要求色泽鲜艳，刀工精细。

特　点

形象逼真。

任务3　七星象形拼盘

主料：香肠，盐水虾仁，酱牛肉，耳片卷，萝卜卷，炝黄瓜皮，蒸蛋白，蒸蛋黄等。

七星象形拼盘，即一主盘，六个围碟，故称七星盘，主盘有一定的图案（有平面图案、半立体图案、立体图案），均像一幅画卷，要求"菜上有山水，盘中溢诗歌"，食客在享受美食的过程中吃出营养，吃出艺术，吃出文化，是象形拼盘的追求。

制　法

按照预先构思图案拼摆成形。

制作要领

切摆符合卫生要求，拼摆原料要求色泽鲜艳，刀工精细，图形富于诗意。

特　点

清鲜爽口，富含艺术。

技 能 考 核

考核要求

1. 设备、考位应统一编号。
2. 考生要穿戴整洁的工作服、工作帽。
3. 按照考核要求，备好有关烹调工具、盛器和原料。

评分标准

试题总成绩实行百分制积分方法，60分以上为及格。其中每道菜按百分制评分，评价指标见下表。

评分标准

评价指标	考核标准	标准分	得分
造型	形态美观，自然逼真	20分	
色彩	自然，符合制品应有的色泽	10分	
调味	体现原料的本味及成品风味，口味纯正	10分	
刀工	刀工精细，产品均匀	35分	
技术性	工艺性强，有一定的技术难度	10分	
创新性	特色鲜明，作品之前没有出现过	10分	
安全性	操作安全	5分	
合计		100分	

模块二

热菜烹调工艺实训

项目一　素菜烹调工艺实训

任务1　煎炒豆腐

主料：豆腐350克。

配料：焯水菠菜50克，葱、姜丝、蒜片各10克，淀粉5克。

调料：盐3克，味精1克，料酒10克，鲜汤75克，酱油3克，清油40克，明油2克。

关于豆腐的起源，历来说法很多。古代就有不同的说法，一是说孔子时代即有豆腐，二是说淮南王刘安发明的。前一种说法支持者不多，后一种说法则自宋朝以来长期流传。虽然起源说法不一，我们有待考证。

制　法

（1）将豆腐用刀切成2.5厘米长2.5厘米宽的片状。

（2）焯水菠菜改刀，与葱、姜丝、蒜片放在一起。

（3）锅放火上，烧热，添入清油，下入豆腐煎制，待下边煎黄，再翻过面煎，两面均煎黄，下入葱、姜丝、蒜片，煸一下，将葱、姜丝、蒜片炒出香味，下入焯水菠菜、鲜汤、调料，汁沸勾入流水芡，淋入明油，装在盘内即成。

制作要领

（1）豆腐切片时不宜太薄、太厚。

（2）煎制时锅烧热打抹光，用小火煎。

特　点

质软嫩，味鲜香。

任务2　豌豆苗烧内酯豆腐

主料：内酯豆腐1盒。

配料：豌豆苗50克，水海米25克，淀粉10克。

调料：盐3克，味精1克，鲜汤50克，三味油35克。

内酯豆腐，又称玉豆腐、洁白晶莹、营养丰富、口感软嫩、味道鲜美、食后舒心，四季适宜，是一种久食不厌之佳品。内酯豆腐配绿色的豌豆苗和金黄色的水海米烹制成菜。菜品不仅色泽鲜艳，而且质软嫩、味清香。

制　法

（1）将内酯豆腐揭去上边薄纸带盒上笼用小火蒸透取出，合在汤盘内，切去上边一角（透空气）去盒，用刀将豆腐划成块状。

（2）锅放在火上添入三味油烧热，下入豌豆苗、水海米、鲜汤、调料（盐、味精）、汁沸，勾入流水芡，起锅装在内酯豆腐上即成。

制作要领

（1）蒸豆腐时要用小火，否则易蒸蜂窝。

（2）炒豌豆苗时要迅速，否则达不到应有的色泽与嫩度。

（3）勾芡稀稠浓度要恰当。

特　点

色鲜艳，质软嫩，味清香。

豌豆苗烧内酯豆腐

任务3　河虾炒韭头

主料：嫩韭头350克。

配料：鲜小河虾75克。

调料：盐2克，味精1克，葱姜丝、干红辣椒丝各5克，淀粉2克，料酒10克，花椒油35克。

韭菜，也称起阳菜，性温味辛，具有温中开胃、行气活血、补肾助阳之功效。在菜品应用上，既可以作为菜肴的主料烹制成菜，也可作为菜肴的配料用于菜肴之中，最常见的是作为馅料用于风味小吃之中，如韭菜水饺、韭菜包子、韭菜灌饼等。

制　法
（1）将鲜小河虾淘洗干净，控干水分，与葱姜丝、干红辣椒丝放在一起。

（2）将嫩韭头拣洗干净后，中间切一刀。

（3）锅放火上，添入花椒油烧热，放入全部配料煸炒投入嫩韭头及作料迅速翻拌均匀，勾入流水芡装在盘内即成。

制作要领
（1）韭头以5厘米长为佳，不再改刀。

（2）鲜小河虾以小为佳。

（3）韭头炒至断生，马上出锅。

特　点
色碧绿，味鲜香。

任务4　烧鹿茸菌

主料：干鹿茸菌150克。

配料：熟鸡腿1个，熟五花肉50克，葱段、姜片各15克，粉芡5克。

调料：盐4克，味精2克，料酒10克，鲜汤150克，三味油50克，淘米水适量。

　　鹿茸菌，是伏牛山区独有的名优土特产，主要产地为河南西峡县。鹿茸菌营养丰富，本身并无鲜味，它主要靠动物性原料提鲜。因此，鹿茸菌在加工过程中，多借鸡腿肉与猪五花肉等动物性原料的鲜味，以补充本身鲜味不足。

制　法

（1）将干鹿茸菌去根部用凉水淘净、开水焖软，再用淘米水洗净放入盆内，加入葱段、姜片，熟鸡腿、熟五花肉、鲜汤适量，上蒸笼1.5小时取出，拣出葱段、姜片、熟鸡腿、熟五花肉，将干鹿茸菌捞出，控干水分。

（2）锅内放三味油烧热，倒入干鹿茸菌煸炒一下，兑入鲜汤、调料烧制，待入味后，勾入流水芡，装在盘内即成。

制作要领

（1）干鹿茸菌需去净根部并开水焖软，才能洗干净。

（2）因干鹿茸菌不具鲜味并带有苦味，故用借味的方法。

（3）烧制时也可加入少量的火腿片与玉兰片等配料。

特　点

脆嫩爽口、清香味鲜。

任务5　霜打菠菜

主料：鲜嫩小菠菜400克。

配料：鸡蓉蛋清糊150克，红菜椒或枸杞籽10克。

调料：盐2克，味精1克，料酒10克，鲜汤50克，三味油30克，白荤油10克。

菠菜，又称赤根菜，色碧绿、味清鲜，一直被人们所喜爱。菠菜经初步熟处理后可以凉拌、配菜、做汤，也可以炒食和煎食，是理想的绿色食品。霜打多指甜食，今天咱们将菠菜利用似挂霜这种外观形态，制作成咸味菜肴奉献给大家食用。

制　法

（1）将鲜嫩小菠菜洗干净，削根，控干水分。

（2）白荤油刷在平盘上备用。

（3）将鸡蓉蛋清糊放入盆内，加入鲜嫩菠菜拌匀，逐棵放入抹油的平盘内，上笼用旺火蒸5分钟取出，放盘内。

（4）锅放火上，添入三味油，下入红菜椒炒一下，兑入鲜汤、调料，汁沸，浇在鲜嫩小菠菜上即成。

制作要领

（1）菠菜以叶肥茎短嫩为佳。

（2）鸡蓉蛋清糊宜稀不宜稠，但要有劲。

（3）蒸制时蒸透为佳，不宜欠火与过火。

特　点

菠菜鲜嫩，形如霜打。

任务6　黄焖茄盒

主料：茄子300克。

配料：猪肉馅120克。葱姜丝、
　　　蒜片各10克，鸡蛋1个，
　　　粉芡50克，面粉25克。

调料：盐3克，味精1克，料酒
　　　5克，酱油2克，鲜汤100克，
　　　植物油1000克（约耗50克）。

　　黄焖指技法，分为锅焖和笼焖两种方法。锅焖将原料煎制或炸制后，直接加汤在锅内焖熟，直至入味软嫩。笼焖是将煎或炸的原料装碗加汤、调料，上笼蒸，直至入味软嫩，黄焖茄盒就是利用笼焖的方法所制作。因色泽金黄故称黄焖。

制　法

（1）将茄子去皮切成长5厘米，宽2.5厘米，厚0.5厘米的夹状，拌好的猪肉馅均匀地酿入茄夹内。

（2）鸡蛋、粉芡、面粉制成糊，将酿好的茄夹在糊内拌匀。

（3）锅放火上，添入植物油，烧至五成热时，将茄夹逐个下锅炸制，炸成柿黄色起锅滗油。

（4）取蒸碗，内放葱姜丝、蒜片，装入茄盒，加入盐、味精、料酒、酱油、鲜汤，上笼蒸30分钟取出，装在汤盘内即成。

制作要领

（1）茄夹的厚度不宜太薄，酿馅不宜过多。

（2）炸时挂糊不宜太厚。

（3）蒸时要掌握好时间，不宜过短或过长。

特　点

色泽柿红，软香可口。

任务7　黄豆芽炒粉条

主料：干粉条100克。

配料：黄豆芽100克，韭菜头
　　　50克，干红辣椒段20克，
　　　葱姜丝、蒜片各10克。

调料：盐3克，料酒10克，酱油
　　　10克，鲜汤50克，花椒
　　　油50克。

　　红薯粉条，性平味甘，含有大量的糖、蛋白质及各种维生素、矿物质。在食用上，夏季一般凉拌，春、秋、冬季一般炒食、炖食是餐桌上常见食品之一。

制　法

（1）将干粉条用凉水泡软，放开水锅内煮透捞出，控干水分。

（2）黄豆芽洗净，放开水锅内煮熟捞出，控干水分。

（3）韭菜头择洗干净，切成寸段。

（4）锅放火上，添入花椒油，烧至油热后，下入葱姜丝、蒜片、干红辣椒段煸炒，炒出香味，下入煮透的干粉条、黄豆芽，加入盐、料酒、酱油、鲜汤翻拌均匀，炒入味后，下韭菜头略加翻拌，即可出锅。

制作要领

（1）粉条以红薯粉条为佳，煮制时间不宜过长或过短。

（2）黄豆芽要先焯再炒。

（3）干辣椒段根据食客口味要求，适当加入。

（4）此菜炒好没有汤汁为宜。

特　点

色泽红润，软香可口。

任务8 菜心烧香菇

主料：干香菇100克，嫩菜心250克。

配料：胡萝卜25克，粉芡10克。

调料：盐3克，味精2克，料酒10克，鲜汤100克，三味猪油50克，明油3克。

　　此菜以嫩菜心、蒸制香菇为原料，菜心色泽碧绿，脆嫩爽口，香菇富含多种营养物质，香气扑鼻，两者合烹为菜，色泽夺目，口味清香，备受食客青睐。

制　法

（1）将嫩菜心择去老叶洗净，胡萝卜经加工按在菜心根部做根。

（2）干香菇洗净放锅内汆煮一下，捞在小盒内，去柄加入适量的鲜汤，上笼蒸约2小时取出，控干水分。

（3）锅放火上，添入清水，烧沸，加入适量明油、盐，放入菜心焯熟捞出，控干水分，根朝外，码在盘的外围。

（4）锅放火上，添入三味猪油，烧至油热后，下入干香菇略煸一下，加入调料、鲜汤，入味后勾入流水芡，起锅码在菜心中间即成。

制作要领

（1）菜心使用要大小一致并根要按牢固。

（2）香菇蒸制时间宜长不宜短。

（3）装盘要整齐美观。

特　点

色泽鲜艳，脆嫩爽口。

任务9 腰果炒青笋

主料：青笋300克。

配料：腰果50克。

调料：盐3克，味精1克，淀粉10克，葱、姜、蒜末各5克，料酒5克，鲜汤25克，花椒油30克，
植物油300克（约耗10克）。

腰果，是一种营养丰富，味道香甜的干果，含有丰富的油脂，在人们食用上，常以主料、配料用于菜肴中。青笋，又叫莴笋，色泽青绿，质感脆嫩。此料与腰果相配烹制成菜色泽鲜艳，脆嫩爽口。

制　法

（1）将腰果用开水氽一下，控干水分，放在四成热的油锅内炸成金黄色，捞出备用。

（2）青笋去皮切成5厘米长的段，切成相等的粗丝。

（3）锅放火上，添入清水，水沸后，下入青笋焯一下捞出，控干水分。

（4）锅放火上，添入花椒油，油热后，下葱、姜、蒜末，略加煸炒，投入主料、配料、调料，汁沸勾入流水芡装在盘内即成。

制作要领

（1）腰果先氽后炸，可以除去异味，便于炸制。

（2）青笋粗细要一致，以细于筷子粗细为佳。

（3）炒制时速度要快，否则青笋宜出水。

特　点

脆嫩爽口。

任务10　土芹炒白玉菇

主料：鲜白玉菇400克。

配料：本土小芹菜100克，粉芡5克。

调料：盐3克，味精1克，料酒5克，鲜汤50克，三味油40克。

白玉菇，是一种珍稀的食用菌类，通体洁白，晶莹剔透，给人以清心悦目的视觉感受。在口感上更为优越，菇体脆嫩鲜滑、清甜可口，是菜品中的美味佳肴。白玉菇具有提高机体免疫力、降低血压的功效。

制　　法

（1）将本土小芹菜择净叶，去根洗净，切成段。

（2）鲜白玉菇去根部，淘洗干净。

（3）锅放火上添入清水，烧至水沸后将本土小芹菜、鲜白玉菇分别放入锅中焯水，淘净浮沫，控干水分。

（4）锅放火上，添入三味油烧热，下入鲜白玉菇，本土小芹菜炒制，随后加入盐、味精、料酒、鲜汤，翻拌均匀，勾入流水芡装在盘内即成。

制作要领

（1）本地小芹菜以梗细、色绿为佳。

（2）白玉菇大小要一致，以细小为佳。

（3）烹调时间宜短不宜长，保证其质感脆嫩。

特　　点

色泽鲜艳，脆嫩爽口。

任务11 西芹炒百合

主料：鲜百合300克。

配料：嫩西芹100克，红菜椒
　　　10克，淀粉2克。

调料：盐3克，味精1克，料酒
　　　5克，葱姜水10克，清油
　　　35克。

百合，性平味甘。中医学认为：百合有清心润肺、除烦安神、化痰止咳的作用。百合含生物素、秋水仙碱等多种生物碱和营养物质，具有良好的营养滋补之功，特别是对神经衰弱症患者食用大有益处。

制 法

（1）将鲜百合逐个掰开，放凉水内淘洗干净。

（2）嫩西芹去筋切成斜刀块、红菜椒切成小象眼块。

（3）盐、味精、料酒、葱姜水、淀粉兑成预备汁。

（4）锅放火上，添入清水烧沸，嫩西芹、鲜百合、红菜椒块分别放入开水中焯一下水，用凉水冲去浮沫。

（5）锅放火上，添入清油，烧至油热后，倒入主料、配料及兑好的调味汁，翻拌均匀，装在盘内即成。

制作要领

（1）选用色白肉厚的鲜百合。

（2）嫩西芹需去筋切斜刀块。

（3）焯水后要用凉水冲去浮沫。

（4）烹调要迅速，出锅要及时。

特 点

脆嫩爽口。

任务12 白果烧山药

主料：铁棍山药400克。

配料：白果50克，淀粉10克。

调料：盐3克，鲍鱼汁20克，料
　　　酒10克，葱姜水10克，
　　　鲜汤100克，三味油40克，
　　　植物油1000克（约耗40
　　　克），明油。

怀山药，又称铁棍山药，性温味甘、肉色洁白、质面，具有较强的滋补作用。它富含多种营养物质，是药食俱佳的珍品，历代皇室之贡品。烹调常以甜食的方法制作成菜。如：拔丝山药、琥珀山药、山药花篮等。但也可以咸味入烹，白果烧山药就是咸味菜肴的其中一种。

制 法

（1）将白果放凉水中冲洗干净，用开水焯一下备用。

（2）将铁棍山药洗净，削去外皮，上笼蒸熟取出，切成5厘米的段。

（3）锅放火上，添入植物油，烧至六成熟时，将铁棍山药入油锅激炸一下起锅滗油。随将锅放火上，添入三味油，下入白果、铁棍山药、鲜汤及鲜料收汁烧制，待菜入味时，勾入流水芡，淋入少许明油，出锅装盘即成。

制作要领

（1）铁棍山药选用粗细一致。

（2）白果需要凉水冲洗。

（3）烧制用小火收汁入味。

特 点

色泽柿黄，鲜香可口。

任务13 四喜烤麸

主料：烤麸250克。

配料：水黄花菜50克，冬笋片25克，水香菇25克，菜心50克。

调料：盐4克，酱油5克，味精2克，三味油30克，清油750克（约耗50克），鲜汤250克。

烤麸，由生面筋经加工生成。性凉味甘，营养丰富，具有和中、解热、益气、养血、止烦渴等功效。

烤麸可与荤素原料搭配，食用方法很多，以红烧做法最常见。四喜烤麸是指以香菇、冬笋、黄花菜、菜心为主要配料的制作，故称四喜烤麸。

制 法

（1）将水黄花菜去柄端硬部改刀与冬笋片、水香菇、菜心，放盘内，烤麸用刀切成5厘米长的筷子条状。

（2）锅放火上添入清油，油热至六成将烤麸下入锅内炸成浅黄色捞出控油，锅重新放火上，添清水，下入炸过的烤麸，氽至发软捞出，控干水分。

（3）锅放火上，加入三味油，下入配料煸炒后倒入烤麸，加入鲜汤、调料，小火烧制，待汁基本收尽后装在盘内即成。

制作要领

（1）烤麸切条不宜过粗过长。

（2）炸与烧制时要用小火。

（3）确保色泽与软香。

特 点

色柿黄，软香可口（此菜热凉均可食用）。

任务14　炒凉粉

主料：凉粉400克。

配料：绿蒜苗50克。

调料：三味油35克，盐4克，辣椒油10克。

凉粉，即用绿豆淀粉或红薯淀粉，用一定比例的水烧开后，将淀粉汁下入开水锅内，下面用小火加热，上面用面杖不停地朝一个方向搅动，直至淀粉糊化变稠，色泽透亮为上，将成熟的凉粉装在盆内，凉凉后进行食用。

中原人吃凉粉由来已久，宋孟元老《东京梦华录》称北宋时汴梁已有"细索凉粉"，因季节和人的爱好不同，故又有凉调凉粉和热炒凉粉之分。今天只介绍炒凉粉的制作方法。

制　法

（1）将凉粉用刀切成指头肚大小的块状。

（2）绿蒜苗洗净切成跟头蒜苗或马耳朵蒜苗。

（3）锅放火上，烧热打抹光，下入三味油烧热，将凉粉下入锅内煎制，边煎边将锅转动，下面煎黄，翻过面煎，两面均煎黄下入盐、绿蒜苗，翻拌均匀，见绿蒜苗断生装在盘内。上桌时外带辣椒油。

制作要领

（1）打凉粉时要将水锅内加一点白矾水，凉粉发硬宜炒。

（2）在锅内煎时不要急于翻锅，待下面煎焦时再翻。

（3）绿蒜苗断生即可出锅，否则绿蒜苗失去脆嫩。

特　点

色泽浅黄，软香可口。

任务15　黄豆肉末炒雪里蕻

主料：腌雪里蕻250克。

配料：煮熟黄豆50克，五花肉50克，葱、姜、蒜末各10克。

调料：盐1克，植物油50克，酱油2克，鲜汤25克。

雪里蕻，芥菜的腌制品，味咸性温，为一年生草本植物，秋季收获腌制而成，是一种食用价值较高的食物，含有多种对人体有益的营养元素，具有开胃消食、醒脑提神、缓解疲劳的功效。此料与黄豆、肉末配制烹制，更是锦上添花。

制　法

（1）将腌雪里蕻择去老叶，放在凉水中泡出盐味洗净（以咸味适口为宜）放墩子上切成小段状。

（2）锅放火上，添入植物油，烧至油热后，下入葱、姜、蒜末炒出香味，加入五花肉末，酱油煸炒散粒状，加入煮熟黄豆、腌雪里蕻，随后略加鲜汤、盐翻拌均匀，装在盘内即成。

制作要领

（1）腌雪里蕻泡前要择去老叶，并泡至口味适度洗净。

（2）黄豆需之前煮熟并入味。

（3）煸炒五花肉末要放入少许酱油，使肉末散粒。

（4）炒制时间不宜过长，炒透即可出锅。

黄豆肉末炒雪里蕻

特　点

清香爽口。

任务16 鲜椒西蓝花

主料：嫩西蓝花400克。

配料：葱姜丝、红辣椒丝各3克，葱、姜末各3克，鲜花椒10克。

调料：盐2克，味精2克，料酒5克，热白芍汁30克，清油40克。

西蓝花，是甘蓝的又一变种，属十字花科，主要用于西餐。

西蓝花性凉、味甘，可补肾填精、健脑壮骨、补脾和胃，主治久病体虚、肢体痿软、耳鸣健忘、脾胃虚弱、小儿发育迟缓等病症。特别是维生素C含量极高，不但有利于人的生长发育，更重要的是能提高人体免疫力、促进肝脏解毒、增强人的体质等功效。

制 法

（1）将嫩西蓝花去茎成朵，洗净，放淡盐水中略泡（防止有虫）。

（2）锅放火上，添入清水，水沸将西蓝花焯至断生捞出，控干水分。

（3）锅放火上，添入清油20克，烧至油热后，将葱姜末、嫩西蓝花分别下锅，加入调料，翻拌均匀装在盘内。

（4）取中碗，将嫩西蓝花朝下定在碗内，扣在汤盘中，淋入热白芍汁，上放葱姜丝、红辣椒丝及鲜花椒。

（5）锅放火上，添入清油20克，烧热，浇在上面即成。

制作要领

（1）嫩西蓝花加工时块不宜过大或过小。

（2）焯水不宜过火。

特 点

颜色碧绿，脆嫩爽口。

任务17　干贝烧茭白

主料：嫩茭白400克。

配料：蒸好的干贝50克，淀粉5克。

调料：盐5克，味精2克，料酒10克，葱姜水10克，鲜汤50克，清油35克。

　　茭白，又名茭笋、茭草、茭瓜等，属禾本科多年生宿根沼泽草本，每年夏、秋上市。

　　茭白含有蛋白质、脂肪、糖、粗纤维和无机盐，有丰富的有机氮素，以氨基酸状态存在，从而增加了茭白的营养价值。

制　法

（1）将嫩茭白洗净，削去外皮，一冲两开，切成厚柳叶片状，放开水内焯透捞出，控干水分。

（2）锅放火上，添入清油，烧至油热后，下入茭白、干贝，添入调料、鲜汤，小火烧至入味，勾入流水芡，盛在盘内即成。

制作要领

（1）干贝要蒸透，并去掉腰筋。

（2）茭白要鲜，否则色不白。

（3）勾芡要恰当，装盘要美观。

特　点

脆嫩鲜香。

干贝烧茭白

任务18 炸笋瓜片

主料：笋瓜400克。

配料：鸡蛋1个，淀粉50克，面粉75克，温水50克，皮油25克。

调料：盐5克，花椒盐1克，清油1000克（约耗75克）。

笋瓜，一年生草本蔬菜，以嫩果供食，主要品种有黄皮笋瓜、白皮笋瓜、白玉瓜、太谷金南瓜等。笋瓜味甘性寒、无毒，具有治哮咳的功能，笋瓜含维生素A较高，是夜盲者理想的食物。笋瓜食用方法多为炸、炒、醋熘、煎瓜饼、吊卤、做馅等。

制 法

（1）将笋瓜洗净去瓤，用刀切成3厘米长、1厘米宽的片状备用。

（2）将鸡蛋破壳放入汤碗内，用筷子敲开，加入温水、淀粉、面粉、盐搅成糊状，然后加入皮油搅匀。

（3）锅放火上，添入清油，烧至五成热时，将笋瓜在糊内蘸匀下入油锅内炸制，边炸边将锅内笋瓜翻动，见外部炸焦并呈柿红色时起锅沥油，笋瓜装盘，撒上或外带花椒盐即成。

制作要领

（1）笋瓜片切得不宜太薄或太厚。

（2）炸时糊要挂均匀，并炸焦。

特 点

外焦里嫩。

炸笋瓜片

任务19　炸素丸子

主料：绿豆面250克。

配料：红白萝卜350克，黄豆芽250克。

调料：葱、姜各10克，香菜25克，五香粉3克，盐10克，碱面2克，清油1500克（约耗150克）。

炸素丸子，为民间风味小吃，因它以单种或多种素菜为原料，制成的成品风味也不太一样，但各具特色，很受食客欢迎。

制　法

（1）红白萝卜洗净擦成丝，黄豆芽剁碎，香菜用刀切碎，同葱花、姜末一同倒在盆内，加入盐、五香粉、碱面用手抄拌均匀，倒入绿豆面和成与饺子馅一样软的块状。

（2）锅放火上，添入清油，烧至五成热时，用手将丸子料挤成小核桃大小的丸子状，下油锅内炸制，边炸边用勺翻动，见丸子呈红黄色并发焦时捞出，装在盛器内，上桌时，外带蒜汁。

制作要领

（1）萝卜丝擦得不宜过长。

（2）丸子料不宜过硬。

特　点

颜色红黄，外焦里嫩，风味独特。

任务20　炸茄夹

主料：茄子300克，肥瘦肉100克。

配料：鸡蛋1个，淀粉40克，面粉75克。

调料：盐2克，酱油少许，味精0.5克，料酒2克，花椒盐2克，清油1500克（约耗50克）。

茄子，又称落苏、昆仑瓜、紫瓜等。其性味甘、寒、无毒，具有散血、止痛、收敛、止血、利尿、解毒等功效，富含维生素，多食能增加微血管的抵抗能力，防止血管破裂出血的特性。

制　法

（1）将茄子洗净，削去外皮，一破四块，去棱切成夹状。

（2）肥瘦肉用刀剁碎放碗内，加入调料拌成馅，酿在茄夹内，外边抹光。

（3）鸡蛋破壳放碗内，加入淀粉搅匀，兑入温水、盐、面粉，用筷子搅成酥起糊。

（4）锅放火上，添入清油，烧至五成热时，将茄夹在糊内蘸匀逐块下锅炸制，见茄夹炸成柿黄并发焦时起锅沥油。装在盘内，上撒花椒盐或外带花椒盐均可。

制作要领

（1）茄夹不宜过大，过薄。

（2）酥起糊浓度要恰到好处，过稀过稠对菜肴都有影响。

特　点

色泽柿黄，焦香可口。

任务21　肉米扒冬瓜

主料：冬瓜600克。

配料：五花肉米50克，葱花、姜花各10克，淀粉10克。

调料：盐6克，味精2克，料酒10克，酱油2克，鲜汤150克，清油50克。

　　冬瓜，一年生草本植物，味甘性凉，有利水、清热、解毒作用，是人们常食用蔬菜之一。制作方法多种多样，常把它作为主料、配料、汤料、馅料用于菜点之中，菜品成形丰富多彩，有整个使用的清蒸冬瓜鸡，有成大块状的八卦太极冬瓜，也有成夹状的清蒸冬瓜夹，还有切成蓑衣状的扒冬瓜，片、块使用最常见，冬瓜用于汤菜较多，用于琥珀甜菜更美。

制　　法

（1）将冬瓜去皮用刀先切成6厘米宽，2厘米厚的片状，用刀解成蓑衣状并切成2厘米见方的条状，放开水内焯透捞出，码成马鞍桥形摆在竹制锅垫上。

（2）锅放火上，添入油，烧至油热后，下入葱花、姜花煸炒，投入五花肉米、酱油，炒散成粒，装在碗内，锅内添鲜汤，加作料，放锅垫，五花肉米倒在冬瓜上边，用盘扣住冬瓜，小火扒制，见菜熟汁浓托出冬瓜，去盖盘，扣在盘内，锅内余汁勾入流水芡，浇在冬瓜上即成。

制作要领

（1）冬瓜条不宜太大或太小。

（2）扒制宜熟不宜生。

特　　点

软香可口。

任务22 汤煮干丝

主料：豆腐干200克。

配料：水海米20克，金华火腿丝25克，水香菇丝25克，熟鸡丝25克，姜丝15克。

调料：盐4克，味精5克，料酒15克，白油50克，香油，奶白汤500克，鲜汤。

汤煮干丝，河南历史名菜、豫菜泰斗苏永秀制作此菜最为独特，不仅要求豆腐干切成牛毛细丝，还要求煮好的干丝汤汁如奶汁一样的浓白醇香。四种配料也比较讲究，既有呈味配料、又有呈色配料，通过配料的投入，不仅使菜品味道变得鲜香醇厚，还使菜品变得五颜六色，细如牛毛的豆腐干丝，让食客叫绝。

制 法

（1）将豆腐干用平刀先片成薄片，再切成牛毛细丝备用。

（2）各种配料放在一起。

（3）锅放火上，添入鲜汤，将豆腐干丝与配料放汤内焯一下捞出，控干水分备用。

（4）锅放火上，添入白油，烧至油热六成，将奶白汤下入，加入调料与所有原料煮制，待汤浓盛在海碗内即成，上桌时外带原油与香油兑成的汁。

制作要领

（1）豆腐干切得越细越好。

（2）使用白油炸白汤。

（3）口味宜淡不宜咸。

特 点

汤白味醇，回香无穷。

任务23 烧羊肚菌

主料：水发羊肚菌200克。

配料：加工好的菜心200克，南瓜雕刻的花瓣100克，鸡糊100克，火腿蓉20克，淀粉3克。

调料：盐6克，味精2克，料酒10克，葱姜水10克，鲜汤150克，明油75克。

羊肚菌，因外形形似翻转过来的羊肚一样，故名羊素肚。羊肚菌有锥形和球形两种形态，性平味甘，是名贵的素食之一，营养丰富，味道鲜美，具有益肠胃、助消化、化痰、理气、补肾虚之功效。

制 法

（1）将水发羊肚菌洗净去柄，加入鲜汤、调料上笼蒸透。

（2）南瓜雕刻的花瓣内酿上鸡糊，用火腿蓉点缀花心，上笼蒸透。

（3）加工好的菜心焯水后，炒制入味，根朝外码在盘子的中间，水发羊肚菌放在菜心中间，南瓜雕刻的花瓣放在外圈。

（4）锅放火上，添入鲜汤，下入调料，勾入粉芡，淋入明油，将汁均匀地浇在菜肴上即成。

制作要领

（1）水发羊肚菌洗净去柄。

（2）南瓜雕刻的花瓣受热恰到好处。

特 点

造型美观，脆嫩爽口。

烧羊肚菌

任务24　翡翠双珍

主料：水发猴头350克，水发羊肚菌100克。

配料：西芹片300克，绣球萝卜50克，白果5克，淀粉3克，熟鸡腿、熟白肘子、干贝各50克。

调料：盐8克，味精3克，料酒15克，葱姜水15克，鲜汤100克，清油50克，鸡油50克。

　　此菜由西芹、胡萝卜、猴头菇、羊肚菌所组成。翡指红色，即胡萝卜球，翠指绿色，即西芹，双珍指猴头菇、羊肚菌，故称翡翠双珍。猴头菇与羊肚菌均为珍贵的名贵原料，它不仅含有较高的营养价值，还有助消化、利五脏、健胃补虚、滋补强身的作用。

制　　法

（1）水发猴头洗净挤干水分，片成片摆在碗内，放上熟鸡腿、熟白肘子、干贝，加入鲜汤、其他调料，上笼蒸60分钟取出，拣出鸡腿、肘子、干贝。

（2）水发羊肚菌洗净放碗内，加入调料、鲜汤，上笼蒸烂取出备用。

（3）绣球萝卜用开水汆透后与白果一起放水发羊肚菌内蒸一下备用。

（4）西芹片经焯水后拌入调料，整齐地码在盘的外围，将蒸好的水发猴头扣在中间，水发羊肚菌、绣球萝卜、白果排在水发猴头周围。

（5）锅放在火上，添入清油，兑入鲜汤、调料，勾入流水芡，淋入鸡油搅匀，浇在菜肴上即成。

制作要领

（1）水发猴头去净根部杂质，蒸烂。

（2）西芹片焯水掌握好火候。

特　　点

鲜嫩适口。

翡翠双珍

任务25　箱子豆腐

主料：豆腐600克。

配料：肥瘦肉馅300克，淀粉5克，葱段、姜片各10克。

调料：盐6克，味精2克，料酒10克，酱油3克，鲜汤100克，清油1000克（约耗75克），明油10克。

　　箱子豆腐为一道蒸制菜品，先将豆腐制成火柴盒长宽一样的厚箱子块，经油炸后制成内空的箱子，然后酿入肉馅，上笼蒸透再加汤汁与调料蒸，直至蒸软香下笼，略加点缀上桌。

制　法

（1）将豆腐切成长方块，下入六成热的油锅内炸至金黄色起锅沥油，将豆腐放在墩子上，切开箱盖，挖出箱内豆腐，酿入肥瘦肉馅盖严，上笼蒸透取出，放上葱段、姜片及鲜汤调料，再上笼蒸20分钟取出。

（2）将豆腐放另一个盘中略加点缀。

（3）锅放火上，添入蒸豆腐的汁，勾入流水芡，淋入明油，待汤汁煮沸，浇在豆腐上即成。

制作要领

（1）豆腐块大小要均匀。

（2）蒸制时间不宜太短。

特　点

形如箱子，内有肉馅，软香可口。

任务26 蒜蓉蒸双丝

主料：嫩丝瓜250克，水粉丝200克。
配料：银杏10克，蒜蓉10克，红辣椒2克。
调料：蒸鱼豆豉油40克，花椒油40克，盐适量。

所谓双丝，即丝瓜、粉丝。此菜用蒸的熟制方法，将初步加工好的丝瓜、粉丝合为一体蒸制成菜，故称蒸双丝。丝瓜色泽碧绿，富含营养物质，具有清热化痰、凉血解毒、行血脉下乳汁的作用。粉丝富含多种营养物质，柔润嫩滑，爽口宜人，具有良好的附味性，能吸收各种鲜美汤料的味道，故除了做凉菜、热菜，也可作为火锅原料。

制 法
（1）将嫩丝瓜去皮切成指头条状，用盐少许拌匀放热油中过一下，放盘中，水粉丝放丝瓜中间，浇上蒸鱼豆豉油，上笼蒸透取出，放上红辣椒切成的丝。
（2）锅放火上，添入花椒油，烧至油热时浇在粉丝、嫩丝瓜上，银杏点缀即成。

制作要领
（1）嫩丝瓜去皮，更加美观。
（2）粉丝煮软控水，用油略拌。

特 点
色泽明亮，菜分双色，鲜嫩爽口，蒜香扑鼻。

任务27　海米扒白菜

主料：嫩白菜心600克。

配料：蒸海米75克，淀粉5克。

调料：盐6克，味精2克，料酒15克，葱姜水10克，浓汤150克，白油100克，鸡油10克。

　　海米，即虾仁的干制品。大白菜性平味甘，既可生食也可熟食，还可以腌制和泡制，适宜多种方法的制作。特别是大白菜含有较多的维生素与肉类同食，既可增加肉的鲜美味，也可减少肉中的亚硝酸盐和亚硝酸盐类的物质，正如俗话所说"肉中就数猪肉美，菜里唯有白菜鲜"。

制　　法

（1）将嫩白菜切成指头块状，放开汤内烫软，控干水分，整齐地排在锅垫上，用盘扣住。

（2）锅放火上，添入白油、浓汤、盐、味精、料酒、葱姜水，下入嫩白菜扒制，待菜入味，漏勺拖出锅垫，将嫩白菜扣在器皿中，蒸海米放在锅中略煮，勾入流水芡，淋入鸡油，浇在嫩白菜上即可。

制作要领

（1）嫩白菜选用嫩心。

（2）扒白菜宜烂不宜脆。

特　　点

软嫩鲜香。

任务28　金钩炒银芽

主料：绿豆芽400克。

配料：蒸好的金钩100克，嫩韭头1克，姜末5克。

调料：盐6克，味精1克，料酒10克，葱油50克。

金钩，大青虾仁的干制品，因色泽金黄、形态弯曲，故称金钩。金钩营养丰富，口味鲜香，是名贵的水产原料之一。

银芽，又称掐菜、银条，即绿豆芽掐去两头的一种称谓。宫廷菜中常用银芽作为原料。要求银芽短粗肥大，洁白如玉。二者合一烹制，故称金钩炒银芽。

制　法

（1）将绿豆芽淘一下与蒸好的金钩、姜末、嫩韭头放在一起。

（2）锅放火上，添入葱油，烧至油热后，下姜末及绿豆芽、蒸好的金钩，加入盐、味精、料酒翻炒均匀，见绿豆芽脆嫩时，起锅装在盘内即成。

制作要领

（1）绿豆芽要选用肥短粗壮的。

（2）炒菜时用旺火，迅速出锅。

特　点

质地脆嫩，口味鲜香。

任务29　绣球萝卜烧江干

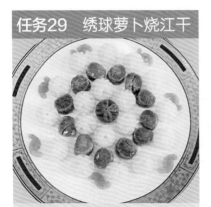

主料：白萝卜绣球400克。

配料：蒸好的江干75克，青瓜10克，淀粉2克。

调料：盐5克，味精2克，料酒10克，葱姜水15克，白油75克，鲜汤100克，明油5克。

江干，又称干贝，是扇贝肌肉的干制品，性温味甘，色泽红黄，味道鲜美，是海味中的珍品。古人曰"食后三日，犹觉鸡、虾乏味"可见干贝鲜味非同一般。

白萝卜，性凉味辛，既可生食，又可熟食，还可以腌制，是人们冬季生活中常见食品之一，它具有止咳化痰、顺气利尿、清热解毒之功效。民间有句谚语"冬吃萝卜夏吃姜，不用医生开药方"。由此可见吃萝卜在对身体健康方面所起的作用。

制　法

（1）白萝卜绣球用开水汆透，放凉水中泡片刻捞在碗内，加入蒸好的江干、盐、味精、料酒、葱姜水、白油、鲜汤上笼蒸15分钟取出。

（2）汁沥锅内，勾入流水芡，淋入明油搅匀。

（3）将蒸好的江干、萝卜绣球装在盘内，用青瓜点缀一下，锅内的汁浇在菜肴上即成。

制作要领

（1）使用新鲜白萝卜，球状大小一致。

（2）蒸制时间恰到好处。

特　点

工艺精细，鲜嫩可口。

任务30 香煎菠菜

主料：嫩菠菜500克。

配料：鸡蛋1个，淀粉40克，姜末、葱末各10克。

调料：盐5克，味精2克，料酒5克，清油75克，蒜泥汁75克。

　　菠菜，又称波斯菜、赤根菜，一年生草本植物，性凉味甘，是人们常食蔬菜之一，色碧绿，根赤红软嫩鲜香，可做菜肴的主料、配料，菠菜汁可作呈色原料，用于烹调和面点之中。菠菜具有补血止血、利五脏、通血脉、助消化、增进肠道蠕动、利于排便的作用。

制　法

（1）嫩菠菜洗净放开水内焯一下捞出放盆内，加入鸡蛋、淀粉、葱末、姜末、盐、味精、料酒，用手抄拌均匀。

（2）锅放火上，添入油，下入拌匀的菠菜，用勺拍成片状煎制，背面煎熟后翻过面再煎，两面均熟时倒在墩子上，切成象眼块，码在盘内，中间放蒜泥汁，上桌食用。

制作要领

（1）菠菜选用嫩叶。

（2）煎时要用小火。

特　点

色泽碧绿，软嫩鲜香。

任务31　烧酿辣椒

主料：鲜嫩尖椒300克。

配料：肥瘦肉馅150克，香菇、笋片各5克，姜丝、葱丝、红辣椒丝各2克，淀粉2克。

调料：盐4克，味精1克，料酒5克，鲜汤100克，清油700克（约耗50克）。

烧酿辣椒，为长垣历史名菜，选用色碧绿、质鲜嫩、味微辣的鲜嫩尖椒，经洗净去柄去籽后，酿入调好味的猪肉馅，然后在清油锅内浸炸透烧制，制成适宜佐饭菜食用的一道佳肴，备受食客的欢迎。

制　法
（1）将嫩尖椒洗净去柄去籽，酿入肥瘦肉馅。
（2）锅放火上，添入清油，烧至三成热时，下入酿入肥瘦肉馅的尖椒，反复浸炸，待尖椒碧绿，肥瘦肉馅熟透后起锅沥油，再将锅放火上，添油少许，下入葱丝、姜丝、辣椒丝、香菇、笋片煸炒，投入鲜嫩尖椒、鲜汤、调料，轻轻将锅晃动，待汁基本收尽，加入淀粉汁，淋入清油，装在盘内即可。

制作要领
（1）尖椒选用嫩的，馅不要过满。
（2）炸时油温不宜过高。

特　点
色泽碧绿，质软味香。

烧酿辣椒

任务32　脆香炸菠菜

主料：鲜菠菜300克。

配料：葱、姜各50克，鸡蛋2个，淀粉100克。

调料：盐3克，味精、鸡粉各3克，椒盐1克，料酒少许，清油100克（约耗50克）。

脆香指口感与味道，菠菜指使用的原料，此菜为菠菜的新吃法。菠菜又称赤根菜，性凉味甘。有补血、利五脏、助消化、活血脉的功效。对贫血、夜盲症、高血压有一定的食疗作用。菠菜含有大量的植物粗纤维，有利于促进肠道蠕动，人体内的新陈代谢，还能取其绿汁，用于菜品与面食之中。如烧青果鸡、菠饺鱿鱼、翡翠馄饨等。

制　法
（1）将鲜菠菜去梗留叶，在开水锅中，一蘸即出，冲凉水，加盐、味精、鸡粉、葱、姜、料酒腌制。
（2）鸡蛋破壳取蛋清，加淀粉，打成脆浆糊。
（3）菠菜沥干水分，沾上脆浆糊，逐片下入五成热油温中炸焦捞出，撒椒盐装盘。

制作要领
（1）选用嫩菠菜叶。
（2）焯水时间要短。
（3）炸时油温不宜过高。

特　点
焦脆酥香，粗菜细炸。

项目二　荤菜烹调工艺实训

任务1　芙蓉红燕（位）

主料：红燕5克。

配料：鸡蛋清2个，青豆5克。

调料：盐1克，料酒3克，葱姜水
　　　5克，清汤50克。

芙蓉，利用鸡蛋清、清汤、盐、敲打融合后制成。

红燕，又称血燕，是金丝燕唾液所筑的窝体，自古就是"上八珍"之首。红燕，性平味甘，营养丰富。它具有滋阴养颜、止咳治喘、补肾益气等功效，是最理想的滋补食材。以泰国所产红燕为佳。

制　法

（1）红燕经涨发后用手撕开，放清汤氽一下调味。

（2）鸡蛋清加入清汤、盐、料酒和葱姜水用筷子打匀后撇去浮沫倒在盛器内，上笼用小火蒸透取出，周围放上青豆，中间放上调好味的红燕，上笼蒸透，浇上汤汁即成。

制作要领

（1）红燕要涨发彻底。

（2）蒸芙蓉时要用小火，以防形成蜂窝而影响口感。

特　点

营养丰富，软嫩适口。

任务2　一品鲍鱼（位）

主料：干鲍鱼125克。

配料：熟鸡腿、熟白肘子各50克，
　　　西蓝花10克，葱、姜各
　　　10克，生粉2克。

调料：盐1.5克，味精1克，料酒
　　　3克，鲜汤50克，鲍鱼素
　　　2克，葱油15克。

鲍鱼，单壳软体动物，腹足纲，海中珍品，性平味甘、咸。鲍鱼营养价值较高，富含丰富的球蛋白，还含被称为"鲍素"的成分，能够破坏癌细胞必需的代谢物质，能养阴、补阳、平肝、固肾，可以调整肾上腺分泌，还有双向性调节血压的作用。

制　法

（1）干鲍鱼经水发后，背面用刀解一下，放汤碗内，加入熟鸡腿、熟白肘子、葱、姜及鲜汤上笼蒸软取出，拣出配料，西蓝花用开水焯一下同放盛器内。

（2）专用小锅加入鲜汤，放入调料，勾入生粉，加入葱油搅匀，浇在干鲍鱼上即成。

制作要领

（1）干鲍鱼涨发要透，蒸或煨要恰当。

（2）色调正、芡适当。

特　点

色泽红亮，糯筋可口。

任务3 三色龙虾

主料：龙虾一只（重约800克）。

配料：鲜笋100克，芹菜梗50克，玉兰片50克，西蓝花150克，腰果100克，香菜5克。

调料：姜片5克，精盐10克，味精5克，白糖7克，料酒15克，淀粉15克，鲜汤100克，香油5克，
花生油1000克（约耗75克）。

龙虾，种类繁多，体形大小差异较大，一般根据龙虾的体重确定虾的食用方法。龙虾，性温味甘、咸，具有补肾壮阳、通乳抗毒、补中益气、养血固脱、温阳益脾、滋补肝肾、祛风通络等作用，是脑细胞不可缺少的营养，对防止动脉硬化、防止老年高血压、促进皮膜新陈代谢有一定的功效。

制 法

（1）用竹签插入龙虾尾部肛门处放尿，再插入头部使其死亡，放冰水中冷冻10分钟取出，把虾肉从腹部取出，先切两半，再切成丁状，头尾壳备用。

（2）将鲜笋、玉兰片、芹菜梗切成橄榄形。

（3）锅上火添入油，腰果炸至微黄倒出沥油，炒锅加水烧沸，入虾头、尾壳焯熟，摆放长盘两端。炒锅加油放西蓝花煸熟，摆在长盘两侧与虾头虾尾形成龙虾原形。

（4）鲜汤、调料、淀粉兑成预备汁。

（5）炒锅加水烧沸，将鲜笋、玉兰片、芹菜梗焯熟捞出。锅重新放火上，下花生油烧六成热，把龙虾肉泡油至断生捞出倒油，锅内留油50克，烧热后下姜片及全部配料煸炒，倒入虾肉、预备汁，翻拌均匀，淋入香油油装在盘内即成。

制作要领

（1）去壳取肉时要将肉取净取完整。

（2）烹调时要掌握好火候。

（3）装盘要美观。

特 点

脆嫩爽口。

任务4　蒜籽烧裙边

主料：水发裙边500克。

配料：蒜100克，西蓝花50克，生粉3克。

调料：盐5克，味精2克，料酒15克，鲍鱼素2克，酱油2克，鲜汤200克，蒜油
　　　75克。

　　裙边，即甲鱼四周边的软肉，多为干制品，性平味甘，名贵食材之一，是高蛋白、低脂肪、营养丰富的高级滋补品。它具有滋阴凉血、补益调中、补肾健骨、散热消痞等作用。对身体虚弱、肝脾肿大、肺结核等症有食疗的功效。

制　　法

（1）将蒜籽、水发裙边洗净，用坡刀片成大片，放开水内氽透捞出，控干水分。

（2）蒜籽炸黄、西蓝花焯水备用。

（3）锅内放蒜油，下入水发裙边煸炒，加入调料、鲜汤、蒜籽，小火收汁烧制，然后加入蒜籽烧入味后，勾入流水芡，装在盘内，用西蓝花略加点缀即成。

制作要领

（1）水发裙边涨发要恰到好处，并要洗干净。

（2）要突出蒜香味。

特　　点

色泽红润、质糯软、味醇厚。

任务5　剁椒鱼头

主料：鲢鱼头1个（约1250克）。

配料：香葱花10克，蒜末20克，姜末20克，葱花20克，姜片50克。

调料：剁椒200克，盐少许，料酒20克，酱油20克，醋15克，白糖5克，蒸鱼豉
　　　油50克，花椒油50克，胡椒粉1克。

　　剁椒，是指利用泡椒（绿泡椒、红泡椒、小米辣泡椒剁碎）经炒制而成，因泡椒的色泽不同，各地厨师加工使用的泡椒比例不一。故泡椒的色泽、口味、形态也不大相同。此菜以鲜鲢鱼头为主料，配上炒制好的剁椒，上笼蒸制，其质嫩味鲜辣，最适宜中青年人群食用。

制　　法

（1）将鲢鱼头去鳞去鳃去内脏黑衣，清洗干净，从鱼头下颚劈开，上边连着，鱼肉部分用刀划几下，放盆内加入酱油、料酒、蒸鱼豉油、少许盐，腌制15分钟取出，放在铺有姜片的12寸圆盘内。

（2）将剁椒放碗内，加入葱花、姜末、蒜末、蒸鱼豉油、酱油、料酒、白糖、醋、胡椒粉拌匀，均匀地将剁椒放在鱼的上边，上笼用旺火蒸12分钟取出，上撒葱花。

（3）锅放火上，添入花椒油烧至大热，浇在鱼上即成。

制作要领

（1）选用鲢鱼头，头后边要带一部分鱼身肉。

（2）加工时要除去腹内黑衣。

（3）根据个人口味要求，适当调节辣味。

特　　点

色泽红润，香辣可口。

任务6　煎扒青鱼头尾

主料：青鱼1条（重约1250克）。

配料：冬笋50克，香菇50克，葱段、姜片各25克。

调料：盐8克，酱油50克，味精2克，料酒25克，白糖30克，鲜汤600克，花椒油3克，白油200克。

　　煎扒，是河南扒菜中又一种扒制方法，原料需经煎黄后再入竹箅扒制，故称煎扒。此菜属于用小火长时间加热的一种扒制法，需要3~4小时才能扒制成菜，突出煎扒方法的特色。此方法多用于含胶质比较丰富的动物性原料。"扒菜不勾芡，汤汁自然黏"，就来于此法。

制　法

（1）将青鱼刮鳞、挖鳃、破腹取内脏洗干净，从青鱼头后3厘米许处剁下，尾从肛门处切下，中段取7厘米，然后将头从下颌破开，上边不断，肉部用刀划开连着头，皮面朝下放在盘的一端，尾处用刀从断面处划3刀，连着尾鳍，放在盘的另一端，中段用刀冲开，取脊骨，将每扇中段剁成4块，放在中间空隙。冬笋切成滚刀块，香菇去柄，与脊骨、葱段、姜片一起放在青鱼身上。

（2）将锅烧热，下入油使锅上下转动，将油布满锅底，下入加工好的青鱼头尾煎制，边煎边晃锅。边从锅边淋油，待下面煎黄、顺入竹箅中，用盘扣住。

（3）锅放火上，添入白油与鲜汤，下入调料，将排好的锅垫下入锅内，大火烧开小火扒制，待色泽红亮，汁浓时取出扣盘，用漏勺托出锅垫，将鱼扣在盘中，汁中加入花椒油搅匀，浇在青鱼身上即成。

制作要领

（1）加工前鱼身上的水分揾干，否则易粘锅。

（2）煎鱼时，锅要烧热并清理干净，否则易粘锅。

特　点

色泽柿红，鱼软嫩，味鲜香。

任务7 烧蹄筋

主料：油炸水发猪蹄筋400克。
配料：丝瓜50克，淀粉10克。
调料：盐4克，味精1克，料酒10克，鲜汤200克，三味油50克，明油适量。

猪蹄筋，即猪蹄内的筋，分前蹄筋和后蹄筋，前蹄筋短，后蹄筋长，以后蹄筋为佳。中医认为，猪蹄筋性平味甘咸，含有丰富的胶原蛋白质和生物钙，脂肪含量比肥肉低，并且不含胆固醇，能增强细胞生理代谢，是理想的食材之一。

蹄筋多为干制品，需经涨发后才能食用。蹄筋涨发分为四种，一种为水发；一种为油发；一种为油水混合发；一种为盐发，通常以油发为主。

制　法

（1）将水发蹄筋用水洗干净、用平刀顺长片开备用。

（2）丝瓜洗净去皮切成柳叶片与蹄筋放在一起。

（3）锅放火上，添入水，将蹄筋及丝瓜片先汆一下捞出，锅内添鲜汤及适当的调料。将蹄筋、丝瓜片下锅内刹一下捞出控干。

（4）锅放火上，添入三味油烧热，下入蹄筋及配料煸炒，随后加入鲜汤；及其它调料烧制，菜入味后勾入流水芡、淋入明油装在盘内即成。

制作要领

（1）选用猪后蹄筋为佳。

（2）烧制时先汆、后杀、再烧制，这是豫菜烧扒菜的传统程序。

特　点

温汁亮油，鲜香可口。

烧蹄筋

任务8 金汤哈士蟆（位）

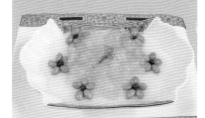

主料：水发哈士蟆75克。

配料：鸡蛋清2个，青豆25克，枸杞2克，生粉1克。

调料：盐1克，味精0.5克，料酒2克，葱姜水5克，鲜汤80克，胡萝卜油15克。

哈士蟆，也称哈士蟆籽，即中国林蛙雌性蛙的卵巢，经干制而成。性平味甘、咸。以黑龙江、吉林、辽宁、内蒙古产的为佳。哈士蟆具有补肾益精、养阴润肺之功效，对病后体弱者有食补的作用。

制 法

（1）将水发哈士蟆除去黑筋洗净。

（2）鸡蛋清加鲜汤50克、盐、味精、料酒、葱姜水，用筷子敲打发后去除浮沫，倒在盛器内成芙蓉，上笼用小火蒸透取出，青豆、枸杞焯水后放在芙蓉上。

（3）专用小汤锅添汤30克，加入调料、下入水发哈士蟆，烧透后勾入流水芡，加入胡萝卜油搅匀，盛在芙蓉上即成。

制作要领

水发哈士蟆在涨发时多用冷水为宜。

特 点

软嫩鲜香。

任务9 大葱扒羊肉

主料：熟白羊肉500克。

配料：葱白100克，嫩菜心75克，粉芡15克，姜片20克。

调料：盐5克，味精2克，料酒15克，酱油5克，花椒油25克，辣椒油50克，鲜汤100克。

大葱，性温味辛，具有通阳活血、驱虫解毒、发汗解表之功效，经油炸黄后，香味扑鼻。羊肉是我国人民食用的主要肉食品之一，因其质地细嫩，容易消化吸收，有助于提高身体的免疫力，故受人们喜爱。羊肉的吃法很多，如烤、炸、炒、扒、炖、涮等，此菜以大葱和羊肉合烹，其味更加独特。

制 法

（1）将熟白羊肉切成大片，成瓦楞形码在碗内。

（2）葱白切成5厘米长的段炸黄，与姜片同放羊肉上边，浇上鲜汤，加入盐、味精、料酒、酱油上笼蒸30分钟取出。

（3）锅放火上，添入花椒油下入嫩菜心煸炒一下，将蒸羊肉的汁滗在锅内，羊肉合在扒盘内，锅内的汁勾入流水芡，淋入辣椒油，菜心放在羊肉外围，汁浇在羊肉上即成。

制作要领

（1）熟白羊肉煮时不宜过烂。

（2）上笼蒸制时间要恰到好处。（此菜为蒸扒）。

（3）勾芡要恰当。

特 点

色泽红润，鲜香软烂。

任务10 芙蓉兰花鸡腰

主料：鸡蛋清6个，鸡糊200克，鸡蛋100克，鸡腰适量。

配料：香菜叶20克，红菜椒20克，团粉2克。

调料：白油10克，鸡油10克，葱姜水50克，清汤250克，盐3克。

芙蓉，即用鸡蛋清、加清汤、盐敲打融合后，倒在盘内，上笼用小火蒸熟，嫩如豆腐脑般的一种菜肴，因色白如雪，芙蓉花般的细腻软嫩，故称芙蓉。

鸡腰，是雄性鸡子的腰子，色微黄、质软嫩，形如指头肚大小。两者经过精细加工，制成一幅美丽的兰花图案，因此而得名。

制 法

（1）鸡腰洗净，放开水内氽透，揭外皮一冲两开，用作料略拌一下备用。

（2）香菜叶，红菜椒加工成兰花的枝和花状。

（3）取18个条勺，抹上油，酿入鸡腰和鸡糊抹光镶上香菜叶及红菜椒制成的兰花。

（4）将鸡蛋清加葱姜水及清汤150克，盐2克，敲打融合后去净浮沫，倒在12寸汤盘内，与酿好的鸡腰上笼用小火蒸透取出，将兰花鸡腰放在芙蓉上。

（5）将锅放火上添入清汤，加入调料，浇沸，勾入流水芡，淋入鸡油，浇在兰花鸡腰及芙蓉上即成。

制作要领

（1）酿兰花鸡腰时要做到美观。

（2）蒸芙蓉时要用小火，否则会蒸出蜂窝。

（3）装盘后再略加点缀更美观。

特 点

软嫩鲜香。

任务11　烹汁鸡翅

主料：鸡翅中400克。

配料：芦笋尖4个，葱段、姜片各10克，葱姜细丝各5克，鸡蛋半个，粉芡5克。

调料：盐3克，酱油2克，味精1克，料酒10克，鲜汤25克，胡椒粉少许，植物油1000克（约耗40克）。

　　鸡翅，又称凤翅，性温味甘，在烹调食用上，一般以翅中为原料加工烹制成菜。鸡翅在人们日常饮食生活中是一道青睐菜肴，它不仅蛋白质含量颇多，还是肉类原料中低脂肪食品，在现实饮食"低盐、低糖、低脂肪、高蛋白"膳食结构中，是人们的理想食材。

制　法

（1）将芦笋尖洗净，放开水内焯一下捞出，用调料少许拌一下备用。

（2）鸡翅中洗净，从一头将骨斩断并将细骨拉出翅肉，放小盆内，加入葱段、姜片及调料拌匀麻制15分钟。拣出葱姜片，加入半个鸡蛋搅拌的蛋液，粉芡拌匀。

（3）取小碗，放入鲜汤、胡椒粉、盐、味精、料酒、葱姜丝兑成料汁备用。

（4）将锅放火上，添入植物油，烧至五成热时，将鸡翅下锅用勺蹚开，小火浸透，然后将油温升高复炸一下，起锅淰油，随后，将鸡翅倒入锅内，投入兑好的料汁，翻拌均匀，装在盘内，用芦笋略加点缀即成。

制作要领

（1）翅中砸断并抽露出细骨。

（2）炸制时先为浸炸，熟透重炸一次，达到淋油的效果。

特　点

色泽红黄，软香可口。

任务12　香橙鸭子（位）

主料：鸭脯100克

配料：香橙1个，葱姜10克，花椒2克。

调料：盐0.5克，味精0.2克，料酒2克，鲜汤50克，胡椒粉少许。

香橙，指香橙水果，既是上桌器皿，也是呈味食材。鸭肉经刀工处理和初步烹调加工后与香橙结合为菜，是一种时尚菜的探索，此菜不仅具有鸭子的清香味，还具有浓浓的香橙味道，深受食客喜欢。

制　法

（1）将鸭脯肉用刀切成条状，放入水中冲洗血污后放入开水锅内氽透，捞出洗净血沫，放小碗。加入葱姜、花椒、鲜汤及调料，上笼蒸九成熟取出，拣出葱姜、花椒备用。

（2）香橙洗净，从上端用刀尖挖出一个盖状的口，取出橙肉后，倒入蒸好的鸭脯及汤汁，再上笼蒸5分钟取出，上桌食用。

制作要领

（1）鸭脯先用凉水冲洗除血污，再氽透洗除血沫，才能达到菜品质量要求。

（2）装入香橙内二次蒸时，蒸制时间不宜过长。

香橙鸭子

特　点

汤清肉鲜，橙子风味。

任务13　厨乡烧三样

主料：水发海参150克，熟发鱿鱼150克，油发水蹄筋150克。

配料：淀粉15克。

调料：盐3克，味精2克，料酒15克，鲜汤150克，三味猪油75克，鸡油5克。

厨乡烧三样，是长垣厨乡的一道传统名菜。它由水发海参，熟发鱿鱼和油发水蹄筋组成，三种原料来自三种不同的涨发方法，三种不同的色泽，但最终质感和味道达到软嫩鲜香，一直被厨乡厨师传承下来，备受食客欢迎。

制　法

（1）将水发海参用刀片或坡刀片（卧刀片），熟发鱿鱼用刀片成坡刀片，油发水蹄筋用刀片开。

（2）将锅放火上，添入水烧沸，下入水发海参、熟发鱿鱼、油发水蹄筋片氽一下，捞出，控干水分。

（3）锅重新放火上，添入鲜汤500克，下入少许盐、味精、料酒，投入氽透的三样杀焯一下，捞出控干水分。

（4）锅重新放火上，添入三味猪油，下入杀过的三样略煸一下，投入鲜汤及调料烧制，待入味后，勾入流水芡，淋入鸡油，装在盘内即成。

制作要领

（1）水发海参选用以灰刺参、方刺参、梅花参、黄玉参为佳。

（2）熟发鱿鱼使用熟发的，禁止使用生发鱿鱼。

（3）油发水蹄筋用油发猪后腿蹄筋为佳。

特　点

软嫩鲜香。

任务14　鲜椒鲈鱼片

主料：鲈鱼1条（约750克）。

配料：嫩菜心10棵，鸡蛋清1个，粉芡10克，青红椒丝10克，鲜花椒10克。

调料：蒸鱼豉油50克，盐1克，植物油50克。

　　鲈鱼，性平味甘，肉质细腻，味鲜美，四大名鱼之一。它具有健脾补气，益胃安胎之功效，对贫血头晕，妇女妊娠水肿，化痰止咳有一定的防治作用。此菜将鲈鱼制作成片状与其他配料入烹成菜，既美观大全，又便于食用。

制　法

（1）嫩菜心洗净，放开水锅内焯一下捞出，麻味备用。

（2）将鲈鱼刮鳞，去内脏洗净，头尾切下，头从下颚破开，上边连着。

（3）将鲈鱼身冲开，去骨去刺、鱼骨，刺剁成段与头尾放在一起，鱼肉片成厚片，放小盆内，加入蛋清、粉芡、盐拌匀。

（4）将嫩菜心放鱼盘两边沿备用。

（5）锅放火上，添入清水烧沸，下入头尾及骨刺煮熟捞出，控干水分，头尾按鱼形摆放，骨刺放中间，将拌好的鲈鱼片入沸水内氽熟，捞出除沫，放在鱼骨刺上边，淋入热的蒸鱼豉油，撒上青红辣椒丝，放上鲜花椒，浇上烧热的植物油即成。

制作要领

（1）嫩菜心要大小一致。

（2）选用活鲈鱼，鱼片不宜薄。

（3）摆放要整齐，顺序要恰当。

特　点

色泽明亮，鲜嫩可口。

鲜椒鲈鱼片

任务15 酸汤肥牛

主料：生肥牛片500克。

配料：水晶粉50克，鲜金针菇50克，香菜20克，红绿小尖椒10克，鲜花椒10克。

调料：花椒油10克，自制肥牛汤750克。

肥牛，是一种高密度食品，味美而且营养丰富。它不但含有丰富的蛋白质、铁、锌、钙，还有每天所需要的B族维生素，吃肥牛配配料，不仅营养更丰富，而且易于消化吸收。

制 法

（1）将水晶粉泡软，鲜金针菇洗净，香菜切成小段，红绿小尖椒切成小丁状分别放开。

（2）锅放火上，添入清水，下入水晶粉，鲜金针菇烧沸后捞出，冲净沫，将水晶粉、鲜金针菇放汤碗内。

（3）锅内添入水，水沸后下入生肥牛片，用勺不断上下翻动，待汤沸生肥牛片断生后捞出，淋净血沫，将肥牛倒在水晶粉、鲜金针菇碗内。

（4）自制肥牛汤倒在锅内烧沸，倒在肥牛上，将鲜花椒、红绿小尖椒小丁放在肥牛上。

（5）将花椒油烧大热，浇在红绿小尖椒丁上即成，外带香菜上桌。

制作要领

（1）生肥牛片要用凉水泡去血污。

（2）自制肥牛汤的原料由植物油、大蒜瓣、葱段、姜片、酸菜、酸萝卜、白醋、泡尖椒、蒸大瓜、鲜汤等进行长时间熬制并过滤而成。

特 点

色泽金黄，味酸辣，肥牛软嫩。

任务16　孜然羊外腰

主料：羊外腰600克。

配料：紫苏叶50克，葱段、姜片各15克。

调料：盐3克，味精1克，料酒15克，胡椒粉1克，辣椒面、孜然粉各5克，植物油1000克（约耗40克）。

　　羊外腰，又称羊蛋，性温味甘，具有补肾壮阳、滋阴益精、抗疲劳等功效，可以增强机体免疫力。羊外腰营养丰富，属原始高蛋白营养物质，是动物机体的一种特有组织。其质地细腻，口感软嫩，是大补之佳品。

制法
（1）紫苏叶洗净，控干水分备用。

（2）羊外腰洗净，去掉外皮，用刀一冲两开，在平面剞上交叉十字花刀，依次剞完放小盆内，加入葱段、姜片、盐、胡椒粉、味精、料酒拌匀腌20分钟，拣出葱段、姜片，用净布揾干。

（3）锅放火上，添入植物油，烧至五成热时，将羊外腰下锅，待花纹暴出后捞出。油温升高时，将羊外腰放入锅内复炸一下起锅浧油，锅重新放火上，倒入羊外腰，下入辣椒面、孜然粉翻拌几下，待味透出，逐个放在紫苏叶上，上桌食用。

制作要领
（1）羊外腰揭净外皮，但保留外薄膜。

（2）炸透后要复炸一遍，增加干香口感。

（3）辣椒面、孜然粉要炒出味才能出锅。

特点
羊外腰干香软嫩，孜然风味。

任务17　酱爆牛蛙

主料：牛蛙后腿8只。

配料：大蒜瓣50克，冬笋片50克，粉芡15克。

调料：盐3克，面酱5克，味精1克，料酒10克，鲜汤100克，三味油35克，清油500克（约耗25克）。

　　牛蛙，性温味甘，是常见的两栖动物，因其肉鲜嫩、味道鲜美，深受人们的喜爱。牛蛙具有补益心脾、养血安神之功效，同时也是高蛋白、低脂肪的高级营养食品。此菜以酱爆的烹调方法奉献给大家。

制　法

（1）将牛蛙后腿肉洗净，用刀剁成小块。

（2）大蒜瓣切去两头，冬笋片切成雪花片备用。

（3）锅放火上添清水，下入牛蛙后腿肉汆透捞出，洗净血污，控干水分。

（4）锅放火上，添入清油，烧至六成热时，将牛蛙后腿肉下入锅内炸一下，起锅滗油，随后加入三味油，下入大蒜瓣煸黄放入牛蛙肉、冬笋片，加入面酱煸上色，兑入鲜汤，下入调料，待汁浓时起锅装盘。

制作要领

（1）牛蛙后腿不宜剁得太碎。

（2）牛蛙后腿先汆水，后过油。

（3）面酱使用要适度，以红黄色为佳。

特　点

色泽红亮，鲜嫩可口。

任务18　椒盐大肠（焦烧大肠）

主料：大肠头1个。

配料：鸡蛋清1个，粉芡30克，面粉30克，葱段、姜片各10克，花椒5克。

调料：盐3克，味精1克，料酒10克，酱油2克，花椒盐2克，植物油1000克（约耗50克）。

　　猪大肠，性寒味甘，具有润燥补虚、止血止渴之功效，对治疗虚弱、脱肛、痔疮、便血、便秘等症有食疗效果。但大肠内胆固醇含量较高，对患有高血压、高血脂、心脑血管疾病者不宜多吃。

制　　法

（1）将大肠头外部的油择洗干净后，翻过来，将里边肠壁上的污物用醋搓洗干净，放在水锅内煮制断生捞出，放小盆内，加入葱段、姜片、盐、味精、料酒、花椒、酱油拌匀，上笼蒸烂取出，将大肠头用净布揾干。

（2）鸡蛋清、粉芡、面粉加点植物油制成稠糊，将大肠头放入拌匀。

（3）锅放火上，添入植物油，烧至五成热，下入大肠头炸制，边炸边顿火，见大肠头外部发酥起锅潷油。

（4）大肠头放墩上，用斜刀切成大片，装盘。上桌时外带片火烧食用更有特色。

制作要领

（1）大肠头里外要择洗干净，先汆、后蒸、再炸。

（2）炸制要不断顿火，方能炸酥炸焦。

（3）此菜宜热食，食时外带火烧风味更独特。

特　　点

外酥里软，肥而不腻，是历史名菜。

任务19 酱大排

主料：猪带肉生大排1000克。

配料：西蓝花100克，葱段、姜片各25克，花椒5克。

调料：盐2克，料酒15克，甜面酱50克，鲜汤100克，花椒油50克，红曲米汁50克。

酱大排，以猪大排为食材。猪大排，是提供人体生理活动必需的优质蛋白质、脂肪，尤其是优质的钙质，可维护骨骼健康。猪大排具有味道鲜美，食而不腻的特点，还具有滋阴壮阳、益精补血之功效，是为幼儿和老人提供钙质的理想食材。

制 法

（1）西蓝花洗净，用开水焯熟，用盐、料酒拌匀，定在小碗内，扣在盘中间。

（2）将猪大排每两根肋骨剁开，再将肋骨剁成7厘米长的段，放开水内氽透，冲去浮沫，放砂锅内，加入适量的鲜汤、盐、料酒、葱段、姜片、花椒、红曲米汁，大火烧开，小火卤制，见大排九成熟时捞出，控干水分。

（3）花椒油放锅内烧热，下入甜面酱炒香添鲜汤，下入大排，小火收汁，汁浓，将大排摆放在盘的外围，上桌食用。

制作要领

（1）猪大排要选用带肉的大排。

（2）每两根肋骨为一组，剁成7厘米长的段。

（3）卤至九成熟入炒香的酱汁内收汁。

特 点

色泽枣红，软烂鲜香。

任务20 开屏武昌鱼

主料：武昌鱼1条（重750克）。

配料：葱段、姜片各10克，红绿辣椒粒10克。

调料：盐3克，蒸鱼豉油10克，胡椒粉2克，花椒油25克，味精1克，料酒10克。

武昌鱼，又称团头鲂，性温味甘，产武昌樊口者甲天下。"才饮长江水，又食武昌鱼"的诗句发表后，使武昌鱼更闻名遐迩。它不仅有较丰富的各种营养物质，还具有补虚益脾、养血祛风、健肠胃之功效，是理想的鱼类食品。

制 法

（1）将武昌鱼刮鳞，除去内脏处理干净后，头尾用刀切下，鱼身从脊背下刀，腹部连着切成厚片状，一同放小盆内，加入葱段、姜片、盐、味精、料酒、胡椒粉麻制15分钟。取出葱段、姜片，将武昌鱼用净布揩干。

（2）取12寸圆盘，将武昌鱼头、尾、鱼身肉摆成孔雀开屏状，用旺火、沸水蒸10分钟下笼，将蒸鱼的汁滗出。

（3）锅放火上 将花椒油烧热，下入红绿辣椒粒稍炸，倒入蒸鱼豉油浇在开屏的武昌鱼上即成。

制作要领

（1）选用活武昌鱼，初加工时除去腹中黑衣。

（2）初步加工成型后要麻制，时间不宜过长。

（3）蒸武昌鱼时要用旺火沸水，一般以10分钟为佳。

特 点

鲜嫩可口，形象逼真。

任务21　红油鞭花

主料：牛鞭600克。

配料：西蓝花100克，葱段、姜片各10克，干红辣椒2克，淀粉5克，枸杞10克。

调料：盐3克，味精1克，料酒10克，鲜汤100克，花椒油10克，辣椒油25克。

　　红油鞭花，主要食材为牛鞭。牛鞭，即雄性牛的生殖器，富含胶质，具有补肾壮阳之功效，对腰酸、肾虚、畏寒、四肢发冷、水肿、燥热、盗汗、虚汗、头晕者有较大的食疗作用。此菜利用红油调味，配上西蓝花调色，使口味更加丰富，色彩更加鲜艳，食欲感更加强烈。

制　法

（1）将牛鞭洗净，揭去外皮，剪开尿道管并除去，放开水内氽透取出，放墩子上，用立刀解开，每10至12刀切断，依此解完，放开水内氽至花纹暴出后捞出，放入小盆内，加入葱段、姜片、干红辣椒、鲜汤及盐、味精、料酒上笼用旺火直至蒸烂取出。拣出葱段、姜片，辣椒备用。

（2）枸杞用开水烫一下备用。

（3）西蓝花洗净，加工成朵状，放开水内焯透捞出，控干水分，加调料拌匀，装小碗内，扣在盘的中间，牛鞭均匀地放在西蓝花的外围，枸杞放在鞭花上，将蒸牛鞭的汁勾入流水芡，淋入花椒油、辣椒油浇在菜上即成。

制作要领

（1）解鞭花时要将取尿道向下，一般10至12刀为一段，深度为牛鞭直径的9/10。

（2）鞭花宜蒸不宜卤。

特　点

装盘典雅，软嫩鲜香。

任务22 荷叶肉

主料：带皮五花肋条肉400克。

配料：嫩荷叶200克，炒好的米粉75克，葱姜丝各10克，鲜汤75克。

调料：盐2克，甜面酱50克，料酒10克，酱油5克，白糖5克。

鲜荷叶，色泽碧绿、味道清香。在夏季利用荷叶与肉、鸡、排骨同烹由来已久，是地道的时令菜，品荷叶的清香，尝肉质的鲜美，是前辈厨师给我们留下的宝贵经验。

制　法

（1）将炒好的米粉放入小盆内，加入75克鲜汤将炒好的米粉泡软。

（2）嫩荷叶切成15厘米长方形块状，放开水内焯一下捞出，控干水分。

（3）将带皮五花列条肉切成长6厘米、宽2厘米、厚度0.5厘米的大片，放在米粉盆内，加入盐、料酒、酱油、面酱、葱姜丝、白糖，拌匀。

（4）取嫩荷叶，绿面朝下，调角放在墩子上，将带皮五花列条肉粘上炒好的米粉放在嫩荷叶上，将左右两尖对折，有里朝外包住米粉肉，整齐码在碗内，上笼蒸烂取出，合在盘内即成。

制作要领

（1）炒好的米粉泡透。

（2）嫩荷叶包肉时，将炒好的米粉均匀地包入荷叶中。

（3）此菜宜烂不宜生。

特　点

荷叶清香，肉质软烂。

任务23　宫保绣球虾

主料：大虾400克。

配料：炸腰果40克，淀粉20克，干红辣椒段10克，葱、姜、蒜各10克。

调料：盐4克，生抽15克，白糖50克，料酒15克，胡椒粉1克，香醋20克，花椒油50克，鲜汤50克。

　　说到宫保菜品，许多人都知道川菜中的宫保鸡丁，不用说此菜的传奇故事，就以它辣中带甜、甜中微酸、酸中透香的美味就已经让人垂涎三尺了。此菜多年来经久不衰，备受食客的喜爱。

　　继承不泥古，发展不离宗。当今厨师肩负着传承历史名菜的责任，也肩负着发展烹饪技艺的重担，宫保绣球虾借鉴宫保鸡丁的制作程序与调味方法就是其中的一例，既有传承，又有发展。其色泽、味道、质感、形态均可与宫保鸡丁媲美。

制　法

（1）将大虾洗净去头尾去壳，背部顺长划开去除虾线，然后再顺长划两刀，放小盆内，加入盐1.5克、料酒5克、胡椒粉0.5克拌匀腌制，入味后加入淀粉拌匀备用。

（2）将生抽、盐、料酒、白糖、香醋、鲜汤兑成预备汁。

（3）锅放火上，下入花椒油烧热，放入干红辣椒段煸炒出香味，投入大虾继续煸炒，见大虾呈球状断生后下入葱姜蒜煸炒一下，倒入料汁炒制，见汁基本包住虾球无汁时，放入炸腰果，翻拌均匀，装在盘内即成。

制作要领

（1）大虾除净虾线后，从刀口处每边顺长再划一刀，以便受热呈球状。

（2）煸炒虾仁时一定要断生。

（3）预备汁口味要恰当。

特　点

色泽红亮，脆嫩适口。

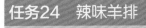

任务24　辣味羊排

主料：卤制羊排500克。

配料：洋葱100克。

调料：自制辣椒粉、孜然油40克，花椒油30克，植物油1000克（约耗50克）。

羊排，性温热，具有补气滋阴、暖中补虚、开胃健力之功效。在《本草纲目》中被称为补元阳，益血气的温热食品。它所含的某些营养物质，已超过牛肉和猪肉的含量，对补肾壮阳、体温畏寒的人群有较大的食补作用。

制　法

（1）将洋葱剥去外皮，一切两半，切成粗丝状备用。

（2）锅放火上，添入花椒油，将洋葱放锅内加调料炒熟装在盘内。

（3）将锅放火上，添入植物油，油烧至五成热，将羊排下锅内，炸至外皮发酥起锅滗油。羊排放在墩子上，逐骨用刀剁开，里外用刷子刷上自制的辣椒粉、孜然粉油即成。

制作要领

（1）卤制羊排口味要恰当。

（2）炸制时控制好油温，不宜过低。

特　点

辣香酥嫩。

任务25　酒心虾球

主料：虾仁500克，肥膘油100克，琼脂20克，咸面包100克。

调料：红葡萄酒100克，盐4克，味精2克，料酒3克，蛋清2个，淀粉20克，植物油1500克。

酒心虾球，是一道炸制菜肴，它以虾蓉、肥膘肉、咸面包为主要原料，配上红酒、冻粉制成的红酒冻作为馅料，经油炸制后，外部面包酥脆，虾蓉肥膘肉软香，内部馅料融化为汤汁，食后突显浓郁的红酒味道，颇受食客青睐。

制　法

（1）虾仁与肥膘油制成泥，加盐、味精、料酒、蛋清、淀粉，搅拌成硬糊状备用。

（2）琼脂用清水泡透、切碎，同红葡萄酒放碗内上笼蒸融化，凉透入冰箱使其凝固。

（3）咸面包切成小粒，红葡萄酒冻切成1.5厘米见方的丁。

（4）取虾胶25克，中间包上红酒冻一块，制成丸子形，放在咸面包粒上滚动，使其均匀沾上咸面包粒，依次将虾胶做完。

（5）锅添油烧热至五成，将制成的虾球下锅炸制，待虾球金黄色时捞出装盘。

制作要领

虾胶做的要有硬度，油炸时温度不可高。

特　点

外焦里嫩，吃时有汁，别有情趣。

任务26 炒腰丝

主料：净腰子250克。

配料：掐菜100克，红绿辣椒丝25克，姜米10克，蛋清10克，淀粉5克。

调料：盐4克，味精1克，料酒5克，鲜汤25克，清油500克（约耗30克）。

腰丝，即由猪的肾脏经初步加工后而生成。猪肾，又称猪腰子，性平味咸，具有理肾气，通膀胱，消积滞，止消渴的功效。对肾虚所致的腰酸痛、肾虚遗精、耳聋、水肿、小便不利、盗汗、有一定的食疗作用。

猪腰子的食用方法很多，可以加工成丝、片、丁、条、仁、块等多种形态，可拌、炝、炒、爆、炸、汆、烩等方法制作菜肴，是人们喜爱的食材之一。

制　法

（1）将腰子用刀切成与火柴棒长短粗细相等的丝状，放凉水内淘洗净臊味，控干水分放碗内，加入蛋清、淀粉拌匀备用。

（2）锅放火上烧热打抹光，加入清油，烧至四成热时，下入腰丝，用筷子将腰丝划开，见腰丝断生发亮时，起锅滗油。将锅放火上，加入清油10克，下入姜米、掐菜、红绿辣椒丝煸炒一下，倒入腰丝与预备汁（由盐、味精、料酒、鲜汤、淀粉兑成），翻拌均匀，装在盘内即成。

制作要领

（1）除净腰臊。

（2）淘去臊味。

（3）切腰丝要均匀。

（4）旺火快炒。

特　点

脆嫩利口。

任务27　煎鲫鱼

主料：活鲫鱼1000克。

配料：干淀粉50克，葱段、姜片各10克。

调料：盐6克，味精1克，料酒10克，酱油2克，胡椒粉1克，清油100克。

鲫鱼，古称鲋，又名鲫瓜子。体侧扁，宽而高，腹部圆，头小，眼大，无触须。背部青褐色、腹部银灰色，肉质细嫩鲜美，营养极为丰富，是我国重要的经济食用淡水鱼类。分布在各江河湖泊或各式鱼塘、水库中，春、秋、冬季最肥美。

制　法

（1）将活鲫鱼刮鳞、挖鳃、破腹、取内脏洗净。放墩子上，两面剞上花刀放盆内，加入调料、葱段、姜片拌匀，麻制约10分钟拣出葱段、姜片，鲫鱼用布揾干、放在干淀粉内沾匀。

（2）将锅放火上，烧热，淋入清油放入鲫鱼煎制，下边煎黄煎熟，翻过面煎，两面煎黄，煎熟装在盘中即成。

制作要领

鲫鱼入锅煎制时不要急于晃锅，待下面有硬壳时（皮面），再将锅不断晃动。

特　点

色泽浅黄，外焦里嫩。

煎鲫鱼

任务28　烹虾段

主料：大虾400克。

配料：葱丝、姜丝各5克。

调料：盐4克，醋10克，料酒10克，白糖25克，酱油2克，鲜汤30克，清油1000克（约耗40克）。

虾的种类很多，根据生活习性，分为海水虾和淡水虾两类，凡生活在海水中的称为海虾，生活在内陆江、河、湖泊等水中的称淡水虾。虾含较丰富的营养物质，有较高的食疗价值，食虾能提高血液中ATP的浓度，增进胸导管淋巴液的浓度。中医认为，虾具有补肾壮阳、通乳、开胃化痰的功能。

制　法

（1）将大虾剪去须、脚、虾线，切成段，用料酒、盐腌透揾干。

（2）锅放火上，添入清油，烧至六成热时、将虾段投入锅内，用勺搅动，见虾壳红亮，起锅沥油，随之将锅放火上，下入葱丝、姜丝煸炒一下，倒入虾段及调料汁（由盐、醋、料酒、白糖、酱油、鲜汤兑成的汁），翻拌均匀，装在盘内即成。

制作要领

（1）虾要除去须、脚、虾线。

（2）炸时掌握好成熟度。

（3）汁要收尽，达到基本无汁。

特　点

色泽红亮，口味咸鲜，微透甜酸，引人食欲。

任务29 茄汁鱼卷

主料：鲜鱼肉400克。

配料：猪肥瘦肉50克，火腿粒50克，冬菇50克，洋葱丝50克，葱、姜、蒜各10克。

调料：番茄酱50克，盐5克，料酒30克，胡椒粉2克，蛋清25克，干豆粉30克，白糖10克，醋5克，鲜汤50克，菜籽油500克。

　　茄汁，即利用番茄酱作为调色呈味作料，配上盐、醋、糖等调料加工成的色红亮、味酸甜，突出番茄风味的一种料汁。

　　鱼卷，即是将鱼片片后码味，将里边所卷馅料卷入鱼片中，生成指头粗细长短的鱼卷后，挂糊，入锅炸酥焦装盘，浇上茄汁上桌食用，故称茄汁鱼卷。

制　法

（1）鲜鱼肉洗净，揾干水分，横切成连刀片，加盐、料酒、胡椒粉、姜、蒜腌渍码味。鲜猪肉、火腿粒、冬菇分别剁成细粒入碗，加盐、胡椒粉、料酒、蛋清、豆粉搅匀成馅。

（2）将码好味的鱼片铺于案板上，裹上适量的馅，卷成大小一致的卷，然后抹上一层蛋清糊并一一放入干豆粉内沾满细干豆粉。

（3）炒锅置火上，下菜籽油烧热，先用温油炸至定形捞出，待油温升高，再放入鱼卷炸至金黄色捞起，沥干油，另放净菜油烧热，下番茄酱炒至油呈红色时，下葱、蒜炒出香味，加鲜汤、盐、胡椒粉、料酒、白糖和少许醋调味，待出香味，打去料渣，用水豆粉勾成二流浓汁，下鱼卷和洋葱丝炒匀，起锅即成。

制作要领

（1）鱼片要片的大小厚薄一致。

（2）炸时要控制好油温，否则达不到外焦里嫩的效果。

特　点

色润红亮，皮酥质嫩，口感香醇，回味甜酸，冷食、热食均可。

任务30 绣球鸡丝

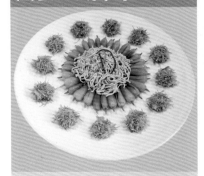

主料：鸡丝250克，干贝丝100克，鸡糊100克，嫩菜150克。

配料：淀粉2克，清油1000克（约耗75克）。

调料：盐6克，味精2克，料酒10克，葱姜丝20克，鲜汤200克，清油500克（约耗50克）。

此菜由鸡丝、干贝丝、鸡糊、菜心所组成。菜心入烹摆码在盘的正中，鸡丝入烹盛在菜心上，鸡糊挤成小球状，放在干贝丝上滚均匀，上笼蒸透，摆放在菜心外围，浇上汁，即可上桌。此菜造型美观，鲜嫩爽口。

制 法

（1）将鸡丝放碗内加入蛋清、淀粉、盐、味精、料酒、葱姜丝、鲜汤拌匀。

（2）鸡糊挤成小枣形的丸子放干贝丝内滚成绣球，上笼小火蒸透。

（3）嫩菜放开水内焯透拌味，根朝外排在盘中。

（4）切好的鸡丝滑油炒后盛在菜心中间，蒸好的绣球围在菜心周围，浇上汁即成。

制作要领

（1）切鸡丝时要均匀。

（2）干贝丝要揉细，鸡糊软硬适度。

特 点

鲜嫩爽口。

任务31 金汤鱼片

主料：黑花鱼肉500克。

配料：红小米辣10克，香菜10克，鲜花椒10克，淀粉20克。

调料：花椒油25克，金汤500克。

金汤，即利用植物油、大蒜瓣、葱段、姜片、酸菜、酸萝卜、白醋、泡尖椒、南瓜汁、鲜汤等为原料，先将部分原料炒制，再加入汁料及调料进行长时间熬制后并用油丝过滤后而生成，因色泽金黄故名金汤。

鱼片使用的是黑花鱼肉，有"鱼中珍品"之称，是补心、养阴、解毒、去热、补脾利水、祛瘀生新的理想佳品。

制 法

（1）将黑花鱼肉用刀片成厚片，放凉水内除净血污捞出，控干水分，放小盆内，加入淀粉拌匀。

（2）红小米辣洗净，切成小段。

（3）香菜洗净切成寸段。

（4）锅放火上，添入清水，水沸后下入鱼片至熟捞出，用开水淋去浮沫，将鱼片放入汤盆内。

（5）锅内放金汤烧沸，倒在鱼片内，上放红小米辣段、鲜花椒，将花椒油烧热，浇在红小米辣及鲜花椒上，沿边放上香菜即成。

制作要领

（1）鱼片不宜过薄，过薄易碎。

（2）滑熟后鱼片要用开水去净浮沫，否则影响汤的质量。

特 点

鱼片鲜嫩，汤汁金黄，口味酸辣爽口。

任务32　清蒸头尾炒鱼丝

主料：青鱼1条（重1000克）。

配料：嫩青菜10~12棵，搯菜100克，青椒丝和红椒丝各15克，鸡蛋1个，淀粉15克。

调料：盐7克，味精5克，料酒15克，鲜汤50克，清油500克（约耗50克），葱姜汁10克。

　　清蒸头尾炒鱼丝，河南名菜。此菜一鱼两种烹制方法，头尾清蒸，鱼肉切丝炒制，成熟后摆放成鱼状。功底在于切鱼丝、炒鱼丝两道工序上，切鱼丝时粗细要均匀，长短要一致。炒时滑油不仅要掌握好油温，还要掌握好火候，否则，此菜难以达到完美。

制　法

（1）将青鱼刮鳞、挖鳃，剖开取出内脏洗净。

（2）切去头尾，头部用刀从下颚破开，上面连住，尾部从脊骨处将两边的肉分开，骨略加整理，用盐及料酒腌制约15分后，用净布搌干，放在鱼盘的两端。

（3）中段肉用刀一冲两开，去骨刺和皮，切成6厘米长的段，顺长切成火柴棒粗细的丝状，放凉水内泡一下，用净布搌干水分，放碗内，将鸡蛋的蛋清与蛋黄分离，加入蛋清、淀粉10克、盐1克，用手抄拌均匀。

（4）将头尾上笼蒸12分钟取出，焯过水的嫩青菜放在鱼盘两边。

（5）锅放火上，烧热后下入清油，烧至三成热时，下入鱼丝用筷子划散，见鱼丝发白发亮，互不粘连时起锅沥油，锅内留少许油，重新放火上，下入搯菜、青椒丝、红椒丝，倒入预备汁与鱼丝，翻拌均匀，装在鱼盘内即成。

制作要领

（1）鱼丝切得不宜过细，以火柴棒粗细为标准。

（2）上浆不宜过多。

（3）滑油时油温不宜过高。

特　点

脆嫩鲜香。

任务33 八宝葫芦扣江干

主料：蒸发江干300克。

配料：白萝卜雕成的葫芦300克，胡萝卜50克，菜心10克，八宝馅100克。

调料：盐6克，味精2克，料酒15克，葱姜水15克，鲜汤100克，三味油50克。

江干，又称干贝，是扇贝肌肉的干制品，性温味甘，为"八珍"原料之一，富含营养，鲜味十足。古人曰"食后三日，犹觉鸡、虾乏味"可见干贝鲜味非同一般。

制 法

（1）将蒸发江干去净腰筋，整齐地码在碗内，加入调料、鲜汤50克，上笼蒸透取出。

（2）将白萝卜雕成的葫芦内部挖空，用开水氽透控干水分，加盐略腌一下，酿入八宝馅，上笼蒸透取出。胡萝卜煮熟用刀切成片，菜心用开水焯一下备用。

（3）将蒸发江干扣在盘中，胡萝卜片围江干摆一圈，八宝馅葫芦顺长放一圈，菜心搭在空隙上点缀。

（4）锅放火上，添入鲜汤，加入调料，勾入粉芡，淋上三味油搅匀，浇在菜肴上即成。

制作要领

（1）蒸发江干腰筋要除净。

（2）用白萝卜雕成的葫芦要小巧玲珑。

特 点

造型美观，搭配合理。

任务34 情投意合（位）

主料：鸽子大腿2只，猴头菇25克。

配料：胡萝卜、嫩青瓜、菜心、白果各5克，淀粉2克，花椒1克，葱段、姜片各5克。

调料：盐1克，味精0.5克，料酒1克，葱姜水5克，清油10克，鸡油5克，鲜汤25克。

此菜以鸽子和猴头菇为原料，经过精细加工合烹成菜。因猴头菇本身不具鲜味，要靠借味成为美味佳肴，鸽子鲜味十足，利用烹制过程，达到鸽子中有猴头的味道，猴头中有鸽子的味道，互相借味，互补营养，妙极了，美其名曰情投意合。

制 法

（1）鸽子大腿洗净用刀拍一下，放开水内氽透后除去血沫放汤碗内，猴头菇泡软除净根部杂质，与鸽子放一起，加入葱段、姜片、花椒、盐、味精、葱姜水、料酒和鲜汤上笼蒸60分钟取出。拣出葱段、姜片、花椒，将鸽子大腿、猴头菇放入盛器内，汁沥锅中，勾入流水芡，加入清油、鸡油备用。

（2）将胡萝卜、菜心、嫩青瓜、白果放开水内氽一下捞出，放在盘内，将锅内的汁浇在菜肴上即成。

制作要领

（1）鸽子大腿要氽透洗净蒸烂。

（2）猴头菇要泡透蒸烂。

特 点

色泽明亮，搭配合理，鲜嫩可口。

任务35 炸春卷

主料：肥瘦肉丝200克，韭头250克。

配料：鸡蛋3个，淀粉50克，面包糠100克，姜末2克。

调料：盐5克，味精2克，酱油5克，清油2000克（约耗100克），花椒盐2克。

　　春节前后的时令菜，此时韭菜最嫩最鲜。此菜以春季韭头为原料，配肉丝炒熟卷成卷状。采用炸的方法炸成菜肴，故称炸春卷。

　　韭菜，又称起阳草，属百合科，性喜冷凉，具有辛香味，含有多种维生素矿物质及粗纤维，尤其是维生素A的含量更高。常食用韭菜可以防止便秘、痔疮、肛裂及肠痛等。韭菜在烹饪食用上，可作菜肴的主料、配料、馅料等。

制 法

（1）将韭头择洗干净，用刀切成寸段与姜末、肥瘦肉丝放在一起。

（2）取2个鸡蛋破壳放碗内，加入淀粉40克，盐少许用筷子搅均匀，放在锅内摊两大张鸡蛋皮。

（3）锅放火上，添清油25克，烧至油热后下入肥瘦肉丝、酱油煸炒，肥瘦肉丝发散时，放韭头、姜末、加入盐、味精翻拌均匀后勾入大流水芡，倒出晾一下。

（4）鸡蛋皮用刀从中间一切两开，成4片，将炒好的韭头肉丝均匀卷成4卷，剩下的鸡蛋、淀粉搅成糊，抹在卷上，滚上面包糠，放在五成热的油锅内炸制，边炸边用筷子翻动。使其受热均匀，见炸成柿黄色并发焦时捞出。放在墩子上摆齐，切开、装盘、上撒花椒盐即成。

制作要领

（1）肥瘦肉丝与韭头煸炒时不宜过火，需勾芡。

（2）卷时要卷紧，不要松。

（3）切时要注意刀口的长短一致。

特 点

色泽柿黄，外焦里嫩。

任务36 酸辣凹鸡蛋

主料：鲜鸡蛋6个。

配料：香菜叶5克，姜末5克。

调料：盐8克，胡椒粉5克，醋
4克，酱油5克，香油
5克，凉鲜汤750克。

凹鸡蛋，河南传统名菜。凹是指技法，此技法是河南独有的一种烹调技法。此方法制品软嫩可口，但只适应于蛋类原料，其口味可咸鲜、可酸辣、可绿辣椒汁、可番茄汁等，以酸辣味最为常见。

制 法

（1）鲜鸡蛋破壳放入碗内，用筷子打匀。

（2）姜末、盐、胡椒粉、醋、酱油兑成汁倒在盛器内。

（3）锅放在火上，加入凉鲜汤，倒入蛋液，用勺子打匀，上火加热，用勺推动锅底，防止蛋液焦糊，待汤热至60℃时停止推动锅底，小火慢慢加热。汤沸，倒在盛有调料汁的器皿中。撒上香菜叶，淋入香油即成。

制作要领

（1）鸡蛋与鲜汤接触融合时，汤宜凉不宜热。

（2）汤开后随即端锅离火，防止鸡蛋凝固质老。

特 点

质软嫩，味酸辣。

任务37 凤尾虾球

主料：大对虾10只。

配料：西蓝花200克，鲜花椒5克，鸡蛋清2个，粉芡25克。

调料：盐6克，味精2克，料酒15克，鲜汤50克，清油1000克（约耗50克）。

凤尾虾球，以大对虾为原料，配上西蓝花呈色原料，使菜肴的色泽更为鲜艳。对虾，性温味甘，营养丰富，肉质松软，易消化，对身体虚弱者有一定的食疗作用。此菜根据对虾的本身特点，将虾去头壳，去身躯壳，留尾壳后，再经精细的刀工处理，码味，烹制而成一道形态逼真的凤尾虾球。

制 法

（1）大对虾洗净后去头壳、身躯壳，留尾壳，顺长从脊背处划开，取出虾线后，再顺长划两刀，放凉水内泡一下捞出，捏干水分，加入盐、味精、料酒拌匀，再加入鸡蛋清、粉芡拌匀备用。

（2）西蓝花改刀洗净，焯水，放入碗内，加入调料上笼略蒸一下取出，扣在盘中间，鲜花椒用清油炒一下放在西蓝花上。

（3）锅放火上，添入清油，烧至五成热时，将对虾肉卷在筷子上，下入油锅内炸制，依次炸透捞出，虾尾朝外，排在西蓝花的外围。

制作要领

划虾肉时刀口要深，否则不易成球。

特 点

色泽鲜艳，脆嫩鲜香。

任务38　炒芙蓉鸡片

主料：鸡脯肉200克。

配料：鸡蛋清5个，淀粉10克，青豆50克，胡萝卜花25克，姜花10克。

调料：盐5克，味精2克，料酒10克，鸡汤100克，清油1000克（约耗75克）。

炒芙蓉鸡片，传统历史名菜，分为市肆炒芙蓉鸡片、官府炒芙蓉鸡片、宫廷炒芙蓉鸡片，以市肆炒芙蓉鸡片最为简单，用鸡蛋清、面粉、鸡片拌匀过油和配料烹制成菜。官府先蒸芙蓉，再炒鸡片盖在芙蓉上。宫廷炒芙蓉鸡片较为复杂，先将鸡脯肉砸泥制成蓉后，（鸡蓉糊要达到一定的稀稠度）铲入油锅中制成薄片，然后烹制而成，其菜品特点软嫩鲜香。

制　法
（1）将鸡脯肉用刀背砸成细泥放盆内，加入鸡蛋清、淀粉、盐、鸡汤50克，用手打成流状糊。

（2）将青豆、胡萝卜片焯一下水，与姜花同放盘内。

（3）锅放火上，添入清油，烧至三成热时，用锅铲铲住糊下入锅内成片状，依次下完，待糊熟后，起锅沥油。随后将锅放火上，添入底油少许，下入姜花、青豆、胡萝卜片，兑入鲜汤及调料，倒入鸡脯肉，翻拌均匀，装在盘内即成。

制作要领
（1）鸡糊不宜稠，但必须有劲。

（2）油温不宜高，但保证鸡脯肉成熟。

特　点
色泽雪白，质软嫩。

任务39　清蒸白菜卷

主料：大白菜叶400克。

配料：五花肉馅150克，葱姜末各5克，葱姜丝各5克，粉芡20克，花椒20粒。

调料：盐5克，味精2克，料酒10克，鲜汤50克，明油25克。

清蒸为豫菜四大蒸法之一（清蒸、干蒸、芙蓉蒸、普通蒸），清蒸多指菜品在蒸制过程中不加带色的调味品，并要求所蒸食材鲜嫩，能在旺火汽足快熟的条件下完成菜品成熟。白菜卷即利用白菜的嫩叶卷入五花肉馅。采用两步蒸的方法完成此菜的制作。

制　　法

（1）将大白菜叶用开水焯一下淘凉备用。

（2）五花肉馅放碗内，加入葱姜末、粉芡10克、盐3克、味精1克、料酒5克、鲜汤25克搅拌成馅备用。

（3）将白菜放在墩子上伸展，顺长放上肉馅，卷成与手指粗细一样的卷状，依次卷完，上笼蒸5分钟取出，凉凉，放墩子上，用刀切成约6厘米长的段，整齐地码在碗内，撒上葱姜丝、花椒，加入盐、味精、料酒、鲜汤，上笼蒸20分钟取出，汁沥锅内，菜扣在汤盘中，锅内的汁勾入流水芡，淋入明油搅匀，浇在白菜卷上即成。

制作要领

（1）白菜叶宜大不宜小。

（2）白菜卷不宜过细或过粗，以手指粗细为佳。

（3）蒸制时间不宜过长或过短，以20分钟旺火蒸制为宜。

特　　点

软香可口。

任务40 炒虾仁

主料：大青虾仁300克。

配料：白果仁50克，青豆25克，蛋清1个，淀粉5克，姜花5克。

调料：盐5克，味精1克，料酒5克，鲜汤50克，清油750克（约耗50克）。

鲜虾仁，性温味甘，色泽洁白，质地滑嫩，是理想的美味食材。不仅营养丰富味道鲜美，而且还具有补肾壮阳、养血固精、通乳抗毒之功效，对肾虚阳痿、乳汁不通、筋骨疼痛、全身瘙痒有一定的食疗作用。

制　法
（1）将虾仁洗净捏干水分放小盆内，加入盐少许、蛋清、淀粉抄拌上劲。
（2）白果仁、青豆经焯水后与姜花放一起。
（3）盐、味精、料酒、鲜汤、淀粉少许兑成预备汁。
（4）锅放火上，将锅烧热，添入清油，烧至三成热时，将虾仁下入锅内滑油，虾仁滑熟后捞出沥油，随后将空锅放火上，加入底油，下入白果仁、青豆和姜花煸炒一下，再倒入虾仁及兑好的预备汁，翻拌均匀，装在盘内，加以点缀即成。

制作要领
（1）虾仁要挑净。
（2）虾仁上浆时要抄拌上劲，不要脱浆。

特　点
虾仁雪白，质感脆嫩。

任务41 松茸菇蒸鸡块

主料：当年白条柴鸡500克。

配料：松茸菇50克，葱、姜丝各25克，团粉30克。

调料：盐3克，味精1克，料酒10克，胡椒粉0.5克，猪油10克，鸡油10克。

松茸菇，被誉为"菌中之王"，是一种纯天然的珍稀名贵食用菌类，相传1945年5月广岛原子弹袭击后，唯一存活的多细胞微生物只有松茸，目前全世界都没有人工培植。研究证明：松茸菇富含蛋白质和多种氨基酸及多种人体所需求的微量元素。它与鸡肉配制成菜，可谓菜肴中的珍品。

制　法
（1）将松茸菇去根部用冷水洗净，用开水余煮一下，放入碗内，加入鲜汤50克，上笼蒸透取出。
（2）将当年白条柴鸡洗一下，用刀剁成小核桃块，放凉水内冲血污，控干水分，放入汤盆内，加入盐、味精、料酒、胡椒粉、葱姜丝、猪油、鸡油及松茸菇、团粉，用筷子抄拌均匀，上笼用旺火蒸制，鸡肉烂时取出。
（3）上桌时可以以位上，也可以原汤盆上。

制作要领
（1）松茸菇要先蒸透。
（2）鸡块用凉水浸去血污。
（3）此菜宜烂不宜生。

特　点
味鲜质软，回味无穷。

任务42 糖醋软熘鲤鱼带焙面

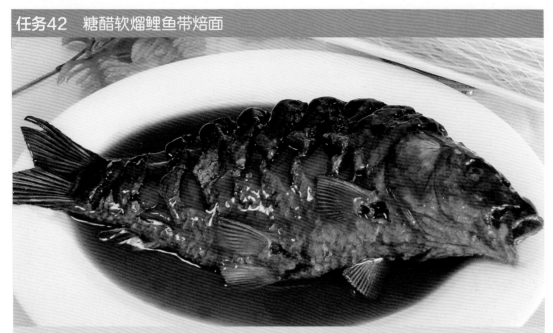

主料：鲤鱼1条（重750克）。

配料：炸好的焙面100克。

调料：盐6克，醋40克，白糖200克，葱姜水50克，糖色5克，粉芡25克，清油2500克（约耗250克）。

软熘，是河南菜的一种烹调方法，制品色泽红润，口味酸甜，质感软嫩故称软熘。

焙面是用上等面粉拉成细如发丝，再经油炸而成的一种面制品，又称龙须面。

软熘鱼带焙面是河南一道名菜，此菜还有一段有趣的故事。慈禧太后60大寿时，从西安回京，路过开封，由长垣厨师韩金岑和他叔公为慈禧办寿宴，其宴席中就有此菜，菜上桌后，慈禧龙颜大悦，对鱼的味道和焙面的神奇连声称赞，这哪里是焙面而是龙须，为感谢厨师的高超技艺，当场赐给韩金岑黄马褂，此后软熘鱼带焙面响遍朝野、震撼中原。

制　法

（1）将鲤鱼刮鳞、挖鳃、破腹、去内脏后洗净放砧板上，用刀先拍一下鱼身，然后打上瓦楞形花刀，加盐略腌一下。

（2）锅放火上，添入清油，烧至六成热时，将鲤鱼下锅，反复浸炸后捞出控油，将油沥出。

（3）净锅重新放火上，添入清水、葱姜水、盐、醋、白糖、糖色，下入炸好的鲤鱼，用小火熘制，不断将汁浇在鲤鱼身上，待底面软后，翻过面继续熘制，熘制完全软后，用漏勺将鱼装在盘中。锅内的余汁勾入大流水芡，加入热油烧汁，再将汁浇在鲤鱼身上即成。上桌时，外带炸好的焙面。

制作要领

（1）鲤鱼要用热油反复浸炸。

（2）熘制时待鲤鱼软后才能出锅。

特　点

色泽红亮，软嫩鲜香，糖醋风味。

任务43 芥菜肉

主料：猪五花肉500克。

配料：腌芥菜100克，葱丝、姜丝各10克，花椒几粒。

调料：酱油10克，鲜汤50克，味精1克，料酒5克，白油5克，清油1500克。

芥菜，有叶用和根用两种，我国特产，南北均有种植，根叶并食，夏种秋收，供冬季腌制用。此菜选用腌芥菜叶与五花肉同食烹制成菜，菜中有肉味，肉中有菜味，风味更加独特，堪称肉菜一绝，为河南传统蒸制名菜，多为宴席饭菜所用。

制　法

（1）将肉洗净，放凉水锅内煮六成熟捞出，皮面揾干水分，抹上酱油（柿红色）放在七成热的油锅中炸成皱纹状捞出，用刀切成8.5厘米长、2.7厘米宽、0.3厘米厚的大片状，皮朝下，瓦垄形定在碗内。

（2）芥菜洗净，择去老叶，浸泡适度，捞出除去根部，切成1.7厘米长的段，放另一碗内，加入葱姜丝、花椒、白油、鲜汤、味精、料酒拌匀，放在肉上，上笼蒸烂，扣在汤盘内即成。

制作要领

（1）肉煮断生即可，不能太熟。

（2）皮面炸出皱纹。

（3）注意口味、质感要烂。

特　点

色泽红润，香鲜可口，有芥菜风味。

任务44 菊花鱼

主料：青鱼肉600克。

配料：淀粉300克（约耗100克）。

调料：盐5克，白糖200克，白醋40克，番茄酱75克，清油2500克（约耗75克）。

青鱼，又称鲩鱼、混子，性平味甘，是一种肉质结实肥厚、味道鲜美的淡水鱼类。此菜以青鱼为原料，经初步加工整理后，将鱼肉制成菊花状，再经油炸，装盘浇汁，制成一道形态逼真的菊花状菜肴。

制　法

（1）将鱼肉切成6厘米长的段，然后用刀片成1元硬币厚度的片，鱼皮部分不片断，最后切成火柴粗的丝状，放淀粉内拍粉，下入油锅炸成浅黄色，捞出，码成菊花状，加以点缀。

（2）锅放火上，添加底油50克，将番茄酱炒一下，兑入清水、白糖、白醋、盐，烧至汁沸，勾入流水芡，加入热油，浇在菊花鱼上即成。

制作要领

菊花花心鱼肉要短一些。

特　点

色泽鲜艳，形状逼真。

任务45 炒辣子鸡

主料：鸡肉250克。

配料：水木耳25克，水笋片25克，青豆20克，红绿辣椒50克，姜米、蒜片、马蹄葱各5克，鸡蛋半个，淀粉20克。

调料：盐6克，味精2克，料酒10克，酱油6克，鲜汤50克，清油500克（约耗35克）。

炒辣子鸡是豫菜中的一道名菜，多采用当年5~6个月的柴鸡，此时散养柴鸡质地鲜嫩，味道鲜美，富含营养，最适宜炒、炸、煸、蒸等方法制作菜肴。此时的鸡与辣椒炒成菜，彰显着豫菜按季节选择食材的特性。

制 法
（1）将鸡肉用刀两面解一下，切成2厘米见方的丁，放碗内，加入鸡蛋、淀粉、酱油，用手叠上劲。
（2）木耳用手撕开，笋片切成雪花片，同青豆、葱姜蒜放在一起。辣椒洗净，去柄去籽，切成指盖大小的菱形片。
（3）锅放火上烧热入油，四成热时，将鸡丁下入锅内，用勺推开，待鸡丁发散、发亮时起锅沥油，锅内留油少许，重新放火上，下入葱姜蒜、辣椒煸炒，炒出香味，下入木耳、笋片和青豆，添入鲜汤、盐、味精、料酒和酱油，汁沸，倒入鸡丁，翻拌均匀即成。

制作要领
（1）鸡丁大小要一致。
（2）过油时油温不宜过高。
（3）菜汁不宜多。

特 点
颜色柿红，温汁亮油，脆嫩爽口。

任务46 秋实玉棍鱼

主料：去皮青鱼净肉400克。

配料：山药100克，鸡蛋清1个，淀粉5克，细蒜薹200克。

调料：盐6克，味精2克，料酒10克，鲜汤50克，清油1000克（约耗50克）。

秋实，指秋天的果实，即利用不同的食材制成花生、南瓜、胡萝卜、葫芦等不同形态的配料作为此菜的点缀，称之为秋实。

玉棍，是指将山药或冬笋之类的白色食材，切成5厘米长的条状，故称玉棍。然后将加工入味的鱼片缠在玉棍上，将主配料烹制成菜，故称秋实玉棍鱼。

制 法
（1）将鱼肉用刀片成长6厘米、宽1厘米的薄片，放入碗内，加鸡蛋清、淀粉、盐、料酒，拌匀备用。
（2）山药去皮切成5厘米长的粗丝状，焯水后沥干水分，将鱼片卷在山药上成玉棍鱼，下三成热的油锅中滑熟捞出。
（3）细蒜薹洗净焯水，摆放在盘中。
（4）锅放火上，添入底清油，下入鲜汤，加入调料，倒入玉棍鱼，翻拌均匀，摆在细蒜薹上，加以点缀即成。

制作要领
（1）鱼片不宜过厚过宽。
（2）滑油的油温不宜过高。

特 点
盛装典雅，脆嫩爽口。

任务47 烤鸭

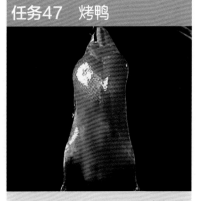

主料： 生鸭1只（约2.5千克）。

调料： 大红浙醋50克，白醋25克，麦芽糖50克，外带配料（葱段、面酱、鸭饼）。

烤鸭作为中国名菜，家喻户晓，人人皆知。说到烤鸭，从鸭皮的酥脆，到内肉的鲜嫩，令人垂涎三尺，用大葱蘸着面酱，配上萝卜条，再用鸭饼裹着吃，那才叫美味，满口留香。烤鸭的制作非常讲究，从鸭子的产地、重量，到鸭子的褪毛、去内脏、风干的时间、掌握烤炉内的温度控制，再到烤制过程及时间均有一个完整的烤鸭流程。有"不到长城非好汉，不吃烤鸭真遗憾"的妙语。

制　法

（1）将大红浙醋、白醋和麦芽糖兑制成稀糖液。

（2）将鸭宰杀后把全部内脏取出用清水洗净，去除食道周围的结缔组织，打开颈脖处的气门向鸭体充气，用100℃的开水淋烫，然后刷上稀糖液挂在吹风处，吹风4~8小时，挂入烤鸭炉内，烤制35~50分钟，至鸭体颜色呈枣红色时取出。

（3）上桌时将鸭子片成片，外带葱段、面酱、鸭饼等。

制作要领

（1）烤鸭时炉内的温度应控制在230~250℃。

（2）烤制时要及时注意炉内情况。

特　点

酥香可口。

任务48 豆瓣鲫鱼

主料： 活鲫鱼2条（重量约600克）。

配料： 蒜末30克，葱花50克，姜末10克。

调料： 酱油、糖、醋各10克，料酒25克，湿淀粉15克，盐2克，郫县豆瓣酱40克，肉汤300克，熟菜油500克（约耗150克）。

制　法

（1）将鱼洗净，在鱼身两面各剖两刀（深度接近鱼骨），抹上料酒、盐稍腌。

（2）炒锅上旺火，下油烧至七成热，下鱼稍炸捞起。锅内留油75克，放郫县豆瓣酱、姜末、蒜末炒至油呈红色，放鱼、肉汤，移至小火上，再加酱油、糖、盐，将鱼烧熟，装入盘中。

（3）原锅置旺火上，用湿淀粉勾芡，淋醋，撒葱花，浇在鱼身上即成。

制作要领

（1）鱼肉剖刀刀口不宜太深。

（2）必须用新鲜鲫鱼。

（3）烹制时卤汁要浓厚，使鲫鱼粘匀卤汁而入味。

特　点

颜色红亮，肉质细嫩，溢味鲜浓，微带甜酸。

任务49 清蒸珍珠鳜鱼

主料：鳜鱼1条（重750克）。

配料：冬笋片、香菇片、火腿
片各25克，珍珠豆50克，
姜花5克，葱100克。

调料：盐6克，味精2克，料酒
10克，鲜汤50克，白油
25克。

清蒸指技法，是蒸制菜肴中的其中一种方法，以不加带色调味品与不加过多的配料而得名。珍珠指珍珠豆，以色泽乌亮作配料。鳜鱼，又称桂鱼、季花鱼，性平味甘，历来被视为"鱼中佳品"，分布于全国各主要水系，适应多种方法的制作，以清蒸、煎、烧最为常见。

制 法

（1）将鳜鱼刮鳞、挖鳃、去内脏后洗净，打上瓦楞形花刀，放开水中蘸一下，然后将一部分珍珠豆装入鱼腹中，一部分放在垫有大葱的鱼盘中，冬笋片、香菇片、火腿片插在花刀刀口内。

（2）将调料兑成汁浇在鱼身上，上笼用旺火蒸10分钟取出，去掉垫葱，加点缀即成。

制作要领

蒸鱼时蒸汽要足、火要旺，蒸制时间不宜过长或过短。

特 点

质嫩味鲜。

任务50 鲜鱿马蹄莲

主料：鲜鱿鱼筒尾部10个（约5厘米长）。

配料：胡萝卜75克，鲜青虾150个，绿莴笋球15克，青菜帮100克，团粉15克。

调料：盐5克，味精2克，料酒15克，葱姜片各20克，葱姜汁各5克，鲜汤150克，清油75克，明油2克。

该菜品以鲜鱿鱼、鲜青虾、胡萝卜等为原料，经过精细加工，制成一款如盛开的马蹄莲花一样，给食客一种技术、艺术、文化融汇为一体的感觉，称为现代时尚菜品。

制 法

（1）将鲜鱿鱼筒尾部用刀切成马蹄莲状放凉水内泡住。

（2）胡萝卜切成小条状，放开水略烫一下捞出，用作料略拌入味。

（3）鲜青虾洗干净，放开水内加葱、姜片及盐煮熟捞出，切去头尾。

（4）青菜帮切成花瓣状，放开水内焯一下，拌上调料入味。

（5）将马蹄莲状的鲜鱿鱼筒尾部放开水内略焯一下捞出，将胡萝卜分别填在鲜鱿鱼筒尾部内做花蕊，放在盛器的外围，中间用熟青虾排成内圈，绿莴笋球改刀加热入味后放在内圈里，鲜青虾环外部放用青菜帮制成的花瓣。

（6）锅放火上，添入清油，下入鲜汤、调料，烧沸勾芡，淋明油，均匀地浇在整个菜上即成。

制作要领

（1）鲜鱿鱼筒尾部要细，不宜粗短。

（2）青菜帮宜宽帮。

（3）造型要恰当、美观。

特 点

造型美观、脆嫩爽口。

任务51　乌龙献宝

主料：涨发好的梅花参1条（重600克）。

配料：南瓜制成的元宝10个，西蓝花、圣女果少许，淀粉3克。

调料：盐6克，酱油2克，葱姜汁10克，味精2克，料酒10克，鲜汤750克，葱油100克。

乌龙指梅花参。在餐饮行业，水生动物多以龙称谓，陆生禽类多以凤称谓。故梅花参在这里称乌龙。梅花参性温味咸，为四大名参之一（辽参、梅花参、方刺参、黄玉参），可以说是海参类中体型较大的海参，适应多种方法的制作。此菜以整只梅花参与食客相见，再配大瓜制成的金元宝，出于对食客的尊敬，美其名曰乌龙献宝。

制　法

（1）将发好的梅花参洗净，底部用刀划开。

（2）将洗净的梅花参放入垫有锅垫的砂锅内，加入盐、酱油、葱姜汁、味精、料酒、鲜汤，小火煨制。

（3）待梅花参煨至九成熟时，将余过水的元宝下入锅内，煨至完全熟透入味后，托出锅垫，将海参放盘内，元宝排在梅花参两边。

（4）将余汁勾芡，淋入葱油，浇在菜上，西蓝花焯水，圣女果刻成花点缀在菜上即成。

制作要领

煨海参时一定要垫锅垫，并煨制入味。

特　点

色泽红润明亮，菜品软烂鲜香。

任务52　带子上朝

主料：脊背开柴鸡1只。

配料：去皮熟鹌鹑蛋100克，葱段、姜片各15克，大茴香1个，花椒10克，
　　　淀粉10克，植物油2500克（约耗50克），老抽10克，明油3克。

　　带子上朝，以当年的成熟鸡子为原料。鸡肉，肉质细嫩、滋味鲜美，适应多种烹调方法的制作，可热可凉、可汤可菜，是宴席中不可缺少的原料，鸡子和鹌鹑蛋巧配成菜，更加丰富了菜肴的各种营养成分。

制　　法

（1）将去皮的熟鹌鹑蛋炸成柿黄色备用。

（2）将脊背开柴鸡洗净，用刀扩一下（鸡脖用刀背砸断皮连，剁去膀尖，腿骨砸断，爪尖剁去，鸡眼刺破，鸡尖除去）放开水内氽透捞出，攥干水分，抹上老抽，下到五六成热的油锅中炸成柿红色捞出。

（3）取汤盘1个，鸡皮朝下放在盘内，葱姜、大茴香、花椒、放在上边加入调料及鲜汤，上笼直至蒸烂取出，拣出葱段、姜片、大茴香。

（4）将蒸鸡子的汤汁滗在锅内，鸡子放在40厘米的扒盘上，锅内将炸好的熟鹌鹑蛋放入烧入味，勾入流水芡，淋入明油搅匀，熟鹌鹑蛋盛在脊开柴鸡的周围，汁浇在脊开柴鸡身上即成。

制作要领

（1）鸡子必须脊背开，才能达到此菜的形态。

（2）鸡子宜烂，不宜夹生。

特　　点

色泽红亮，鲜香可口。

任务53 烧鳝鱼段

主料：宰杀过的鳝鱼500克。

配料：大蒜瓣100克，葱段、姜片、五花肉片各25克。

调料：盐5克，味精2克，料酒15克，酱油3克，胡椒粉1克，鲜汤200克，蒜油50克，清油1000克（约耗50克）。

鳝鱼，分为黄鳝和白鳝两种，烧鳝段选用黄鳝。黄鳝又叫鳝鱼、长鱼等，性温味甘，圆肥丰满，肉质鲜嫩，营养丰富，不仅味鲜质嫩，而且具有滋补作用，不仅为席上佳肴，其血、头、皮均有一定的药用价值，还具有补血、补气、消炎、消毒、除风湿等功效。

制 法

（1）宰杀过的鳝鱼从脊背横切花纹，然后切成5厘米长的段，大蒜瓣两头用刀切一下。

（2）锅放在火上，添入清水，待水烧沸后，下入鳝鱼段焯一下，捞出，控干水分。

（3）锅放在火上，添入清油，烧至六成热时，下入大蒜瓣炸成金黄色捞出，再投入鳝鱼段，待鳝鱼段花纹暴开即起锅沥油。随后将锅放火上，添入蒜油，下葱段、姜片、五花肉片煸炒，再投入鳝鱼段、大蒜瓣，加入鲜汤、调料，用小火烧制，待汁浓菜熟时，装在盘内即成。

制作要领

烧制时要用小火，调味不要忘放胡椒粉。

特 点

色红亮，味鲜香。

任务54 葱椒炝鱼片

主料：鱼肉400克。

配料：鸡蛋1个，淀粉10克，葱姜丝各5克，葱椒泥3克。

调料：盐4克，味精1克，料酒10克，白糖1克，酱油3克，鲜汤50克，香油25克，清油1000克（约耗50克）。

葱椒炝是河南菜的一大特色，利用葱白、姜米、泡花椒，先分别加工成碎米，然后合在一起用刀背砸成泥，又叫葱椒泥，其味独特。葱椒炝以突出葱椒味为特点，将加工的鱼片采用此方法入味成熟。葱椒炝的菜肴品种也很丰富，如葱椒炝肉片、葱椒炝腰片、葱椒炝鸡丁等。

制 法

（1）将鱼肉用刀片成片，加入鸡蛋、淀粉、酱油，搅匀备用。

（2）将葱姜丝、葱椒泥放盘内备用。

（3）锅放火上，添入清油，烧至六成热时，下入鱼片，炸成柿黄色即可出锅沥油。锅内留少许底油，下入葱姜丝、葱椒泥炸出香味，兑入鲜汤和调料，投入鱼片，翻拌均匀，待锅内无汁时，淋上香油装在盘内即成。

制作要领

片鱼片时不宜过薄或过厚。

特 点

色泽柿黄，质嫩味鲜，葱椒风味。

任务55 菊香凤脯

主料：净鸡脯肉400克。

配料：吉士粉、小麦淀粉、面包糠粉共200克，菜青椒75克。

调料：盐2克，果酱75克，植物油1500克（约耗60克）。

鸡脯肉，又称凤脯，蛋白质含量较高，易被人体消化吸收，具有强身壮体之功效，同时鸡肉有益五脏、补虚健胃、活血通络等作用，是人们日常饮食生活中不可缺少的食材之一。

鸡脯肉的吃法很多，可丝、可片、可条、可丁、可粒等、菜品变化多样，菊香凤脯就是其中一款。

制　法

（1）将鸡脯肉用刀顺长片成薄片，再一头连着切成细丝，用凉水淘一下控干水分，用盐少许拌一下备用。

（2）吉士粉、小麦淀粉、面包糠粉掺均匀，将加工过的鸡脯肉放入拌均匀。

（3）锅放火上，倒入植物油，烧至五成热时，下入鸡脯肉炸制，边炸边顿火，见鸡脯肉炸微黄并发焦时起锅滗油。

（4）将炸好的鸡脯肉拼摆成菊花状。

（5）菜青椒刻成花茎与花叶状焯一下水，摆放在菊花下端作为衬托，彰显菊花的逼真性，上桌时外带果酱蘸食。

制作要领

（1）鸡脯肉切丝时要均匀适度。

（2）鸡脯肉拌粉要均匀。

（3）炸制时要用小火炸干。

（4）拼摆时要有美感。

特　点

色泽金黄，形态逼真。

任务56 清汤狮子头（位）

主料：去皮五花肉40克。

配料：荸荠5克，鸡蛋清1克，熟菜心，淀粉5克，葱姜水5克，清汤50克。

调料：盐3克，味精2克，料酒10克。

清汤狮子头，是由猪的五花肉、荸荠、蛋清、淀粉等原料，经过精细初步加工而制成的似扁非扁、似圆非圆的肉团，如狮子的头形一样，故称狮子头。将此肉团放在开水内，用小火浸透去浮沫，再用小火浸3~4小时，此时，汤清如水，齿颊留香，此菜因此而得名，经久不衰。

制 法

（1）将去皮五花肉用刀切成绿豆大小的粒状，放小盆内，荸荠洗净。

（2）用刀拍一下荸荠剁碎，与鸡蛋清、淀粉、葱姜水、盐、味精、料酒一同放入盆内，用手搅匀，摔打上劲，搓成狮子头，放入开水内汆熟捞出，除去浮沫。

（3）将狮子头放盛器内，兑入清汤、作料，盖上盖，上笼蒸90分钟取出，放上熟菜心，即可上桌食用。

制作要领

（1）选好五花肉是基础，切粒宜小不宜大。

（2）蒸制时间宜长不宜短，但要恰到好处。

特 点

汤清味醇，质嫩鲜香。

任务57 农家乐

主料：猪排骨750克。

配料：嫩玉米200克，莲菜100克，去皮山药100克，嫩黄豆、红枣各25克，葱段、姜片各10克。

调料：盐10克，味精3克，料酒25克，鲜汤1500克。

农家乐，以猪排骨、嫩玉米、山药、莲菜、黄豆、红枣等为原料，经过精细加工，生成一道人们喜爱的菜品，备受食客的青睐。此菜原料来自农家所产，同时得到大家对此菜的认可，成本低，品味鲜，营养丰富，美其名曰：农家乐。

制 法

（1）将猪排骨切成段放开水内汆透洗净，放白砂锅内，兑入鲜汤、葱、姜上火炖制。

（2）玉米穗切成段，莲菜去皮切成块，山药去皮切成块，红枣洗净，嫩黄豆泡软，待猪排骨炖至七成熟时，下入所有作料一起炖制，待猪排骨熟烂后，即可上桌食用。

制作要领

（1）猪排骨使用小肉排。

（2）根据配料的质地、形态特点分别下锅为宜。

特 点

荤素搭配，营养丰富。

任务58 牡丹凤脯

主料：鸡脯肉400克。

配料：吉士粉、小麦淀粉、面包糠粉共200克，青椒75克。

调料：盐2克，果酱75克，植物油1500克（约耗60克）。

牡丹凤脯，即利用鸡脯肉制成牡丹花瓣状，再拼摆成牡丹花状的一款菜品。在餐饮行业内有鱼为龙，鸡为凤的称谓，故称凤脯。

鸡的吃法很多，举不胜举，牡丹凤脯就是一道美食，既有食用价值，又有观赏价值的菜品，它是"烹饪是技术、烹饪是艺术、烹饪是文化、烹饪是科学"具体表现的美味佳肴。

制　法

（1）将鸡脯肉用刀切成指头肚大小的丁，用配料三粉（吉士粉、小麦淀粉、面包糠粉）拌匀后逐块砸成薄片状（根据色泽需要，三粉比例可以适当调节）。

（2）锅放火上添入植物油，烧至油热五成，将砸好的鸡脯肉下入油锅内炸制，边炸边顿火，见鸡脯肉炸焦后捞出控油。

（3）将炸好的鸡脯肉拼摆成牡丹花状。用青椒刻好的花叶、茎放开水内焯一下，摆放在牡丹花下端，衬托牡丹花之美。上桌时外带果酱蘸食。

制作要领

（1）鸡脯肉切丁时要大小略有区别（砸好片后拼摆有层次）。

（2）鸡丁在砸片时要不断地抖入三粉。

（3）炸时要注意火力，火力宜小不宜大。

（4）拼摆要富有想象力，做到以假乱真的美。

特　点

色泽浅红，形态逼真。

任务59　梅竹管廷

主料：净黄管10根，净竹荪18个。

配料：鸡糊100克，水香菇10克，西蓝花20克，红辣椒10克，圣女果10克，淀粉3克。

调料：盐6克，味精2克，料酒10克，姜汁10克，鲜汤200克，清油25克。

梅竹管廷，是由黄香管和竹荪等原料组成。黄香管，即猪的大动脉血管，色泽淡黄、质感脆糯，经过精细加工，制成蜈蚣形的形态用于此菜中。竹荪即腐烂竹子的菌体，质脆味鲜，是名贵的菌类食材。经过精细加工制成梅花枝状的食品，再与蜈蚣形的黄香管组成菜品，生成一道精美的菜肴，2002年被认定河南名菜。

制　法
（1）将黄管洗净，用筷子翻过来，放汤锅内煮熟，捞出，用刀剖成蜈蚣形，再切成6厘米长的段，放入碗内，加少许鲜汤及调料上笼蒸至入味取出，扣盘中。

（2）将竹荪切成5厘米长的段，里面酿进鸡糊，顺长点缀上梅花，上笼蒸透取出，排在黄管的外围，空隙处放上西蓝花、圣女果，浇上捻好的汤汁即成。

制作要领
（1）黄管去净筋膜，便于成形。

（2）竹荪内鸡糊要酿饱满。

特　点
造型美观，脆嫩爽口。

任务60　雪梨牛肉

主料：生嫩牛肉400克，雪梨10个。

配料：葱姜末5克，淀粉10克。

调料：盐6克，味精1克，料酒15克，酱油5克，鸡汁5克，清油50克，清汤500克。

雪梨，具有生津润燥、清热化痰、泻热止咳、润肺镇咳、养血生肌、减轻疲劳之功效，是人们日常生活中的果品之一。

牛肉是人们日常生活中第三大肉类食品，富含高蛋白，低脂肪，营养成分易于人体吸收，适应于多种烹调方法的制作。

制　法
（1）雪梨洗净削皮，从底部将里面挖空。

（2）用刀将生嫩牛肉切成黄豆丁，与葱姜末放在一起。

（3）锅放火上，添入清油，待油热后下生嫩牛肉、葱姜末、酱油煸炒成散粒，加入鲜汤，及其他作料用小火收汁，待汁浓后，均匀盛在雪梨内，放入盛器中，上笼蒸透取出，将汁沥入锅内，勾流水芡，淋明油搅匀，浇在雪梨上即成。

制作要领
（1）雪梨不宜太大。

（2）生嫩牛肉粒宜小、宜烂。

特　点
色泽明亮，果味清香。

任务61 孜然羊肉

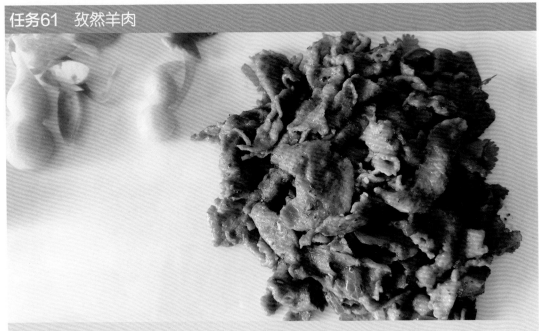

主料：净羊肉300克。

配料：鸡蛋半个，淀粉30克，香菜75克，洋葱25克，去皮芝麻5克。

调料：盐5克，料酒20克，生抽10克，孜然粉5克，辣椒面3克，味精1克，胡椒粉0.5克，葱段、姜片各15克，植物油500克（约耗40克）。

孜然羊肉是大家认可的一道美食，因为它辣而不烈，香鲜可口，浓郁的孜然香味，闻着就让人垂涎三尺。美食的标准就是"吃前有期待，吃后有回味"。

孜然羊肉由孜然粉和羊肉等食材组成。孜然粉性温味微辛，气味芳香而浓烈，有降火平肝、理气开胃的功效，对消化不良、胃寒疼痛有一定的食疗作用。羊肉性温味甘，有益气补虚、补肾壮阳之功效，它是冬季温补的理想食材。

制 法

（1）羊肉顶丝切成薄片，加入葱段、姜片、盐2克、生抽5克、料酒5克，抄拌均匀腌15分钟取出葱姜，加入鸡蛋、淀粉拌匀，然后放入油10克拌匀。香菜洗净切成小段放盘中，洋葱切丁备用。

（2）将锅放火上添入油，待油四成热时下入羊肉，滑熟起锅，锅内留底油，下入洋葱丁、孜然粉、辣椒面、去皮芝麻煸炒，随后放入羊肉片及其他调料翻拌均匀，盛在香菜上即成。

制作要领

（1）羊肉选用后腿肉。

（2）羊肉顶丝切成薄片。

（3）上浆要恰当。

特 点

孜然味浓郁，羊肉鲜香。

任务62　炒腰花

主料：猪腰子4个。

配料：水木耳5克，水笋片5克，青豆5克，马蹄葱、蒜片、姜花各3克，鸡蛋2克，淀粉2克。

调料：盐5克，味精1克，料酒10克，酱油5克，鲜汤25克，淀粉1克，香醋5克、清油500克（约耗50克）。

　　炒腰花，各地方菜系均有烹制。豫菜中的炒腰花，因刀工精细、火候得当、调味合理，曾得到鲁迅先生的青睐。文字记载，鲁迅在上海时，多次在上海梁园饭庄宴请亲朋好友，并每次都要点上炒腰花、炸樱桃丸子、三鲜铁锅蛋、酸辣肚丝汤等菜肴，后来人们把这些菜肴称之为"周公宴"，可见不管是炒腰花还是樱桃丸子、三鲜铁锅蛋、酸辣肚丝汤，无论是从色泽、还是从质感、形态、口味上看都烹制得相当精美。

制　法

（1）将猪腰子洗净去外皮，从中一剖两开，片去腰臊，放凉水中蘸一下，剞成麦穗形花纹，改成麦穗大小的块状放碗内，加醋抄拌均匀，用凉水洗净，控干水分备用。

（2）水木耳、水笋片、青豆、淀粉、蒜片、姜花放在一起。

（3）锅放火上，添入清油，烧至八成热时，将腰花加鸡蛋、淀粉拌匀下锅，待腰花爆开，即起锅沥油，留少许底油放火上，下入调料煸炒，投入腰花，倒入用调料调出的预备汁（由盐、味精、酱油、鲜汤、淀粉兑成），翻拌均匀，装入盘内即可。

制作要领

（1）剞腰花要掌握好深浅程度。

（2）腰花过油时油温要高一些。

特　点

形如麦穗，脆嫩爽口。

任务63　烹四宝（坛子肉）

主料：带皮五花肉500克，白条鸡500克，水煮熟面筋500克，去皮熟鹌鹑蛋400克。

配料：葱段、姜片各25克，干红辣椒20克，大茴香4个。

调料：盐20克，味精5克，料酒50克，酱油50克，糖色10克，冰糖50克，鲜汤1000克，清油50克。

烹四宝，长垣历史名菜。此菜以带皮猪五花肉、白条鸡、水煮面筋及去壳熟鹌鹑蛋为原料。将四种原料经过不同的初步加工，同烹于一坛中，相互借味，互补不足，成熟后其味妙极了，故名烹四宝。

制　法

（1）将带皮五花肉皮烤煳泡软洗干净，切成1.5厘米见方的小块，白条鸡剁成小核桃块，水煮熟面筋切成枣大小的块，去皮熟鹌鹑蛋炸成黄色备用。

（2）将带皮五花肉、剁好的白条鸡块分别煸炒断生。

（3）煸好的带皮五花肉内加入葱段、姜片、干红辣椒、大茴香及鲜汤、冰糖、酱油、糖色，用小火炖至六成熟时，下入煸好的白条鸡块，烧至八成熟时，下入水煮熟面筋及炸好的去皮熟鹌鹑蛋，加入其他调料，继续炖制，待汁浓菜烂时即可上桌食用。

制作要领

（1）炖时要使用小火。

（2）四种主料分别下锅。

特　点

色泽红亮，软香可口。

任务64　菜心扒肘子

主料：去骨带皮肘子1000克。

配料：嫩菜心200克，淀粉5克，葱段、姜片各5克。

调料：盐8克，味精2克，料酒10克，酱油5克，糖色3克，大茴香1颗，鲜汤100克，清油1000克（约耗15克）。

菜心扒肘子，长垣传统名菜。此菜以猪前肘为原料，经剔骨、煮透、上色、炸制、初步加工、装碗、加配料、调料、鲜汤，上笼直至蒸烂，合入盘中，菜心围边捻汁等工序而制成。此菜为笼扒。

制　法

（1）将去骨带皮肘子洗净，放汤锅内煮至断生捞出，揾干皮面水分，抹上糖色，下入八成热的油锅中，炸成枣红色取出放墩子上，皮面朝下，里边用刀剞成象眼块状，皮朝下放在碗内，放上葱段、姜片、大茴香，兑入调料、鲜汤，上笼蒸烂取出，拣出葱段、姜片、大茴香，扣入盘内。

（2）嫩菜心用开水焯后拌味，围在肘子周围。

（3）蒸肘子的汁沥到锅内，勾入流水芡，浇在菜肴上即成。

制作要领

肘子要剞刀，蒸烂，口味不宜太淡。

特　点

色泽红亮，软烂鲜香。

任务65　软炸小鸡

主料：小雏鸡净肉400克。

配料：鸡蛋黄2个，淀粉30克，葱段、姜片各25克，葱丝、姜丝各5克。

调料：盐4克，酱油6克，味精1克，料酒15克，鲜汤25克，清油750克（约耗50克），花椒盐3克。

软炸属于炸制菜肴方法中的一种炸法，适应于质地软嫩、体形较小的动物性原料，一般以丁、条为主，原料加工成形后，先用调料腌制入味，然后挂薄糊下入五成热的油锅中炸制，边炸边顿火，炸透捞出，再入热油中重炸一次，上桌时外带花椒盐。

制　　法

（1）将鸡肉用刀解一下，切成大丁状，放小盆内，加入葱段、姜片、盐3克、酱油5克、料酒10克，用筷子抄拌均匀，腌制20分钟，拣出葱姜，加入蛋黄、淀粉拌匀。

（2）将葱姜丝放小汤碗内，兑入鲜汤、料酒、酱油、味精备用。

（3）将锅放火上烧热，添入清油，五成热时，将鸡丁下入锅内，用勺抖开，见鸡丁发散发亮时捞出，待油温升至180℃时重炸一下，装在盘内，上桌时外带花椒盐即成。

制作要领

（1）鸡肉改刀时丁不宜过大或过小。

（2）炸制时掌握好油温。

特　　点

色泽红黄，软嫩鲜香。

任务66 葫芦鱼蓉（位）

主料：草鱼蓉60克，海味八宝馅20克。

配料：绿青椒25克，红椒丝1克，红樱桃20克，淀粉5克，蛋清20克。

调料：盐1克，味精0.1克，料酒5克，葱姜汁15克，清油3克。

　　葫芦是吉祥的象征，有着诸多神话传说。葫芦文化是中华民俗对美好生活向往的组成部分，通常人们又叫宝葫芦，可以说要啥有啥，有求必应的宝物。古今厨师，在制作菜肴时，往往也取之葫芦吉祥的寓意，如葫芦鸡腿、清蒸八宝葫芦鸡、香酥八宝葫芦鸭等，以表达对吉祥的向往。此菜利用鱼蓉制成葫芦状，用青椒制作葫芦藤与葫芦叶，呈现出了栩栩如生的葫芦鱼蓉，可以说达到了以假乱真的境界。它又如一幅美丽的画卷，彰显着菜品中的浓浓诗意。

制　　法

（1）将鱼蓉加蛋清，淀粉及调料搅拌上劲，放在模具内，中间酿入八宝馅抹严，上笼用小火蒸10分钟取出，放盘内。

（2）青椒刻成葫芦藤状与葫芦须状，放开水内焯一下调味，点缀在葫芦上端，红椒丝点缀在葫芦中间，红樱桃放在下端。

（3）将葫芦藤与葫芦鱼蓉用调料芡汁刷一下即成。

制作要领

（1）鱼蓉越细越好。

（2）葫芦、藤的加工要精细。

（3）蒸鱼蓉时火力要小，防止形成蜂窝。

（4）摆放位置要恰当，彰显真实感。

特　　点

葫芦逼真，内有八宝，鲜嫩可口。

任务67　大酥肉

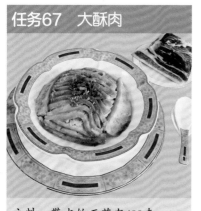

主料：带皮软五花肉400克。

配料：鸡蛋1个，淀粉50克，面粉25克，葱段、姜片各10克。

调料：盐6克，味精1克，料酒10克，鲜汤200克，花椒1克，清油1500克（约耗50克）。

大酥肉，长垣传统名菜。此菜以猪五花肉或猪奶脯肉为原料，将皮刮洗干净后，里面解刀，放稠糊剁制，糊入肉后，用油浸炸至透，装碗，加调料及汤汁，上笼直至蒸酥烂合入汤盘中。因形态比小酥肉大，故称大酥肉。

制　法

（1）将带皮软五花肉洗净，皮朝下放墩子上，用刀将肉划开。

（2）用鸡蛋、淀粉、面粉、鲜汤25克、盐制成稠糊，倒在肉上用刀剁，使糊吃进肉内，四边用刀往中间折整齐，下四成热的油锅中反复浸炸熟透捞出，切成8厘米的大片，皮朝下摆在碗内，放上葱段、姜片、花椒，兑入盐、味精、料酒、鲜汤，上笼蒸烂扣入盘中。

制作要领

（1）肉要浸炸透。

（2）蒸制时间宜长不宜短。

特　点

菜黄汁白，软香可口，肥而不腻。

任务68　金钱牛肉

主料：牛里脊肉250克。

配料：咸面包100克，火腿蓉50克，菠菜泥50克，鸡蛋清1个，淀粉4克，黄蛋糕50克。

调料：盐5克，味精2克，料酒10克，葱姜水10克，清油1000克。

金钱牛肉，以牛里脊为主要原料，配上咸味面包、黄蛋糕、火腿茸、菠菜泥等配料，经过精细加工，制成如古币形态的形状，再经油炸成熟后装盘，略加点缀即可上桌。

制　法

（1）牛里脊肉用刀剁成泥，放入盆内加鸡蛋清、淀粉、盐、味精、料酒、葱姜水搅拌成馅。

（2）咸面包切成直径4厘米的金钱片状，将牛肉馅酿在面包片上，抹平抹光，黄蛋糕切成丝镶在牛肉馅上，火腿蓉、菠菜泥分别酿在对称的金钱上，成金钱牛肉的生坯。

（3）锅放火上添入清油，烧至四成热时，下金钱牛肉炸制，待牛肉上面发暗，下面金黄，里边完全熟透后即捞出装盘，加以点缀即成。

制作要领

（1）使用无筋牛肉切碎斩蓉。

（2）炸制时油温不能过高。

特　点

形似金钱，外焦里嫩，美味鲜香。

任务69　蒸凤凰蛋

主料：去皮熟鸡蛋5个，拌好的
　　　猪肉泥200克。

配料：葱段、姜片各10克。

调料：盐3克，味精1克，料酒
　　　10克，酱油3克，鲜汤75
　　　克，清油1000克（约耗
　　　50克）。

凤凰是人们心目中的瑞鸟，是吉祥的象征。古人曰，时逢太平盛世，便有凤凰飞来，代表着幸福、吉祥、安康、美满。凤凰蛋用鸡蛋和猪肉来制作。将煮熟的鸡蛋去壳后包上一层肉泥，然后炸制，炸透后一切两半，加调料上笼蒸制，直到皮肉蒸酥，上桌略加点缀。完美的凤凰蛋，软嫩鲜香。

制法

（1）将拌好的肉泥分成5份，先拍成片状，放入1个鸡蛋包严，依次包好后，下入五成热的油锅中炸制，待凤凰蛋炸成柿红色时捞出沥油。

（2）将炸好的凤凰蛋顺长切开，刀口朝上放入盘内，葱段、姜片搭在上边，盐、味精、料酒、酱油和鲜汤兑成汁浇在上边，上笼蒸透取出，拣出葱、姜，加以点缀即成。

制作要领

（1）肉泥不宜太细。

（2）包蛋时不要来回团，防止蛋与肉脱离。

特点

造型美观，软香可口。

任务70　晶玉鱼莲（位）

主料：草鱼蓉80克。

配料：胡萝卜10克，黄瓜皮10
　　　克，芦笋10克，海带细
　　　丝2克，淀粉5克，蛋清
　　　30克。

调料：盐1.2克，味精0.1克，料
　　　酒8克，葱姜汁15克，清
　　　油5克。

莲，又称藕，其寓意，在人们的日常生活中，期盼好运连连、连年有余、财源广进，是吉祥物的象征。晶玉鱼莲以草鱼蓉为主料，经过精细加工，制成洁白如玉的莲藕状，用胡萝卜、黄瓜皮制成荷叶与荷花、海带细丝、芦笋尖焯水，调味后略加点缀，生成如同画卷般的菜品，富含诗意，给食客一种烹饪技术、烹饪艺术、烹饪文化融为一体的美味佳肴。

制法

（1）鱼肉洗净制成鱼蓉，加入淀粉、蛋清、葱姜汁、盐、味精、料酒打成鱼糊，酿入莲藕模具内，上笼用小火蒸10分钟取出，放在盛器中。

（2）将芦笋、胡萝卜、黄瓜皮、海带细丝焯水、调味，放在鱼莲的不同位置。

（3）盘中菜品刷上调料芡汁即成。

制作要领

（1）鱼蓉越细越好。

（2）鱼莲蒸时要用小火，防止形成蜂窝。

（3）配料点缀要恰当。

（4）摆放要有立体感。

特点

形如莲藕、软嫩鲜香。

任务71　龙井虾仁（位）

主料：鲜河虾80克。

配料：龙井茶，馓子，胡萝卜，樱桃，哈密瓜，香葱段，鸡蛋，淀粉。

调料：盐3克，料酒、葱姜汁各3克，龙井茶水5克。

龙井虾仁，选用鲜活河虾，配以清明前后的龙井新茶烹制而成。这是富有特色的名菜，虾仁玉白鲜嫩，茶味清香，色泽雅丽，滋味独特。食后清口开胃，回味无穷，在菜品中堪称一绝。

制　法

（1）将龙井嫩芽放入85℃纯净水中，泡一杯龙井茶备用。

（2）将虾仁用清水冲洗干净，背部改刀剔除虾线，控干水分，放入碗中，加盐、鸡蛋清，搅拌至有黏性时，放入干淀粉拌匀。

（3）锅放火上，下入熟猪油，烧至三成热时放入虾仁，并迅速用筷子滑散，约15秒后倒入漏勺沥油。

（4）炒锅内留油少许放火上，放入香葱段炒香捞出，将虾仁倒入锅中，并迅速倒入龙井茶，烹料酒加盐颠炒几下，淋入明油，装盘即可。其他配料经加工点缀在盘中。

制作要领

（1）要选用鲜活河虾。

（2）虾仁滑油时间要准确，烹炒时掌握好成熟度。

特　点

龙井清香，虾仁鲜嫩。

任务72　百财如意（位）

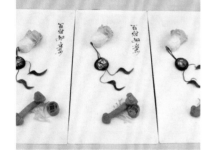

主料：鱼蓉60克。

配料：南瓜20克，胡萝卜5克，香菇1个，苦菊5克，淀粉5克，蛋清20克，菠菜汁3克。

调料：盐1克，味精0.1克，料酒3克，葱姜汁15克，植物油3克。

百财，取之白菜的谐音，有聚财、招财、发财的寓意，百财聚来之吉利含义。如意，古代宫廷珍宝之一，为吉祥之物，万事顺利之寓意。此菜取百财如意之寓意，用鱼蓉、南瓜、胡萝卜、香菇等原料，经过精细加工，制成百财如意之菜品，反映人们对美好生活的向往与追求。可谓是技术、艺术、文化、营养融为一体的美味佳肴。

制　法

（1）将鱼肉洗净用刀刮出鱼蓉，刀背略砸，加入调料、淀粉、蛋清搅上劲，放在抹油的模具内上笼用小火蒸10分钟取出。

（2）南瓜刻成如意、金钱状后放笼内蒸6分钟取出。

（3）香菇经加工入味后与鱼蓉白菜、南瓜如意、金钱等组合成百财如意菜品图案，刷上调料芡汁即成。

制作要领

（1）鱼蓉加工要细腻。

（2）菠菜汁的使用要恰到好处。

（3）蒸鱼蓉时要用小火。

（4）摆放角度要恰当。

特　点

形态逼真，软嫩鲜香。

任务73 金钱元宝虾(位)

主料：大虾仁40克，南瓜100克。

配料：青瓜皮5克，淀粉2克，蛋清3克，猕猴桃3克，红樱桃1个。

调料：盐1.2克，味精0.2克，料酒8克，清油100克（约耗10克）。

元宝是古币中一种流通货币，由黄金聚成，在人们的心目中有至高无上的价值，寓意较为珍贵难得。古今厨师往往借助金钱，元宝之珍贵寓意，用食材制成金钱、元宝状，彰显菜品的高贵典雅，如金钱牛肉、金钱腰托、元宝莲子、元宝红枣、元宝金瓜、金钱元宝肉等，以表达对金钱、元宝的追求。

金钱元宝虾利用南瓜制成大小元宝及金钱状，鲜虾仁去虾线后洗净，二者通过加热与调味，制成金钱元宝虾，再用红樱桃、猕猴桃略加点缀，生成形态逼真，装盘别致，色、香、味、形、质、养俱佳的菜肴，深受食者赞美。

制　法

（1）南瓜制成大小不同的元宝状及金钱状，分别上笼蒸熟放在器皿上。

（2）鲜虾仁去净虾线，用水洗净，控干水分，拌上淀粉及蛋清，放油锅内滑熟取出，入锅烹调入味。

（3）青瓜顶刀切成圆片，去瓤，留瓜皮圈，用开水烫一下酿入大虾仁。放在元宝中间，刷上调料芡汁，点缀上猕猴桃、红樱桃即成。

制作要领

（1）南瓜要选用柄端。

（2）造型要逼真。

（3）大小元宝和金钱要分别受热成熟。

（4）装盘要有艺术性。

特　点

造型典雅，软嫩鲜香。

任务74　琵琶果味虾（位）

主料：对虾2只。

配料：西瓜，猕猴桃，橙子，柠檬，沙拉酱。

调料：盐，糖，番茄酱，淀粉，油，椒盐，葱，姜，料酒，鸡蛋，面包糠。

对虾，学名东方对虾，又称中国对虾（中国明对虾)、斑节虾。中医认为，海水虾性温湿、味甘咸，入肾、脾经；虾肉有补肾壮阳、通乳抗毒、养血固精、化瘀解毒、益气滋阳、通络止痛、开胃化痰等。

制　法

（1）将对虾洗净裁头留尾，然后去虾壳和虾线，背部解刀，反复捶打后腌制。

（2）把腌制好的大虾拍粉，托蛋液裹面包糠，虾头也进行拍粉。

（3）锅置火上加入油，油热后下入虾排炸制，炸好的虾排放盘上，再将虾头炸焦同装盘内。

（4）熬制番茄酱，进行盘式点缀。

（5）西瓜、猕猴桃、橙子切丁拌上沙拉酱装盘。

制作要领

（1）虾要腌制8至10分钟。

（2）炸制时油温控制在五成左右。

（3）熬制番茄酱时，要使酱汁有黏稠度。

特　点

造型美观，虾肉鲜嫩可口，果香四溢。

任务75　秋韵（位）

主料：鲜虾仁40克，土豆50克，洋葱10克。

配料：鲜红椒5克，鲜青椒20克，紫苏叶10克，淀粉10克，蛋清3克。

调料：盐1克，味精1克，料酒5克，葱姜汁2克，植物油300克（约耗10克）。

秋韵的菜品采用土豆、虾仁、洋葱为主要原料，利用精湛的刀工技术，将土豆切成菊花状，经腌制炸成浅黄色。洋葱经加工炸制后成为金葫芦状，虾仁经加工后酿入葫芦内，再配上用青椒制成的叶、茎、须等点缀食材，一幅富有想象力的秋韵图案展现在食者面前，使食客不忍下箸。

制　法

（1）将洋葱修剪成葫芦状拍粉炸制成金黄色捞出控油。

（2）虾仁去沙线洗净上浆，温油滑熟，烹入味出锅备用。

（3）土豆洗净去皮裁一下，切成菊花状，用调料略腌后攥干拍粉，炸成浅黄色捞出控油。

（4）将炸好的洋葱葫芦内酿入虾仁，点缀上红辣椒及经焯水后青椒制成的叶、茎、须，炸好的土豆菊花放在紫苏叶上即成。

制作要领

（1）制作要精细，火候要恰当。

（2）组合角度要有艺术感，体现烹饪是技术，烹饪是艺术，烹饪是文化的新理念。

特　点

形状逼真，脆，嫩，鲜，香。

任务76　糖醋排骨

主料：猪排骨400克。

配料：淀粉50克，葱段、姜片各10克，葱花5克。

调料：盐5克，醋20克，白糖75克，番茄沙司50克，清水50克，料酒15克，生抽10克，植物油1000克（约耗50克）。

猪排骨瘦中有肥，肥少瘦多，是吃猪肉人群比较喜欢吃的部位之一。当吃到排骨菜肴时，肉嫩骨酥、清香爽口，有淡淡的肉香味，甜中透酸、酸中透香，那一定是妈妈的味道。

猪排骨分为大排和小排。大排即猪前列排骨，小排即猪后列排骨，糖醋排骨以小排为佳。糖醋排骨色泽红润，口味酸甜，赢得大家的回味。

制　法

（1）将排骨用刀裁开，剁成1.5厘米长的小段，放凉水内淘洗一下控干水分，放汤盆内，加入葱姜、生抽、料酒、盐2克，抄拌均匀，腌制30分钟，拣出葱姜，用净布揾干水分，加入淀粉40克拌一下，下入150℃的油锅中浸炸，边炸边顿火，见排骨肉收缩捞出，将油温升高至180℃时重炸一下，起锅滗油。

（2）将盐、糖、醋、番茄沙司与水兑在一起，倒在热锅中，放入炸好的排骨收汁，汁浓后勾芡，加入热油少许，盛在盘内，撒上葱花即成。

制作要领

（1）选用猪小排。

（2）排骨段不宜过长。

（3）初炸时油温不宜过高。

（4）盐、醋、糖、番茄沙司比例要恰当。

特　点

色泽红润，香鲜可口，糖醋风味。

任务77　榨菜炒肉丝

主料：猪后腿肥瘦肉200克。

配料：榨菜100克。

调料：葱、姜丝各5克，酱油10克，清油50克。

榨菜，是用芥菜腌制而成，脆嫩爽口，具有特殊的酸味和咸鲜味，是一种理想的咸菜制品。此菜以洗净的榨菜为配料，经切细丝后与猪肉丝同炒。

制　法

（1）将猪后腿肥瘦肉片成薄片，再顺丝切成细丝，榨菜洗净，切成薄片，再切成细丝，用凉水多淘几次，出净盐味，捞出揾干。

（2）将锅放在旺火上，添清油，烧至油热时，将肉丝同葱、姜丝一起下锅，下入酱油，用勺翻炒均匀，再下入榨菜丝，用勺搅匀，将菜翻炒两三次即成。

特　点

脆嫩爽口。

技 能 考 核

考核要求

1. 设备、考位应统一编号。
2. 考生要穿戴整洁的工作服、工作帽。
3. 按照考核要求，备好有关烹调工具、盛器和原料。

评分标准

试题总成绩实行百分制积分方法，60分以上为及格。其中每道菜按百分制评分，评价指标见下表。

评分标准

评价指标	考核标准	标准分	得分
造型	形态美观，自然逼真	20分	
色彩	自然，符合制品应有的色泽	10分	
调味	体现原料的本味及成品风味，口味纯正	10分	
刀工	刀工精细，产品均匀	35分	
技术性	工艺性强，有一定的技术难度	10分	
创新性	特色鲜明，作品之前没有出现过	10分	
安全性	操作安全	5分	
合计		100分	

模块三

甜菜烹调工艺实训

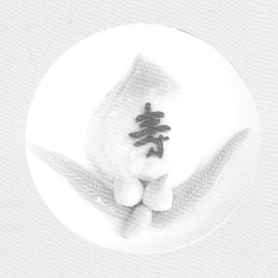

实训目标

❶ 熟练掌握各种甜菜的烹调工艺制法，符合规格要求。

❷ 养成良好的甜菜操作习惯。

实训方法

教师讲解→示范操作→学生个人练习→教师指导→综合讲解→填写实训报告。

任务1　拔丝山药

主料：怀山药500克。

调料：白糖150克，清油1000克。

拔丝，烹调方法中甜食制作的一种方法，当筷子在盘中夹起所拔食品时，扯出缕缕丝来，给食者一种乐趣，具有增加食欲的感受。山药以怀山药为佳，色白、质面、味甜。经初步加工改刀，炸制熬糖，拔丝等程序，制出一道色泽微黄，外脆里面的美食。

制　法

（1）将怀山药洗净削净外皮，用刀切成滚刀块，放开水锅内煮至断生，捞出控干水分，再放六成热的油锅中炸成柿黄色起锅沥油。

（2）锅重新放火上，加入白糖，用勺搅动将糖化开，待成水状时，倒入怀山药，翻拌均匀，装在抹油的盘内，上桌时外带凉水碗（如冬季，盘下坐热水碗，防止天冷糖汁凝固）。

制作要领

（1）怀山药在锅内用水煮时，推动不要过猛防止掉碎块。

（2）油炸时油温要高些不宜过低。

（3）炒糖时要用小火，掌握糖化反应，以成水状为宜。

特　点

色泽柿黄，外焦里面。

任务2　菊花苹果

主料：苹果10个。

配料：草莓馅250克，西瓜子仁或杏仁100克，熟鸡蛋黄5克。

调料：白糖150克，蜂蜜25克，白油10克。

菊花苹果是一道甜食，此菜利用苹果、豆沙馅、瓜子仁制成。苹果是人们日常生活中不可缺少的水果之一，味道酸甜适口，颇受众人喜食。苹果不仅可以作为水果食之，还可以作为美味佳肴中的甜食，如菊花苹果、拔丝苹果，等等。

制　法

（1）将苹果洗净，切掉两头，中间挖空，下入六成热的油锅中炸一下，起锅沥油，揭去苹果外皮，酿进草莓馅，插上西瓜子仁，上笼蒸20分钟取出。

（2）锅放火上，添入清水、白糖、蜂蜜，待汁熬浓，加入白油搅匀，浇在苹果上，中间放上熟蛋黄即成。

制作要领

（1）苹果选用大小一致。

（2）蒸得时间不要过短，使用小火。

特　点

香甜可口。

任务3　橙汁红薯球

主料：去皮熟红薯泥300克。

配料：莲蓉馅100克，糯米粉50克，红绿樱桃各1个。

调料：白糖75克，蜂蜜50克，橙汁100克，植物油1000克（约耗50克）。

红薯，又称白薯、地瓜、红苕、甜薯等，其肉质色泽有红色，有白色，有紫色之分。《本草纲目》等古代文献记载，红薯有补虚乏、益气力、健脾胃、强肾阴之功效，使人"长寿少疾"，还能补中、和血、暖胃、肥五脏等。当代《中华本草》说，红薯性平味甘，归脾、肾经、宽肠胃、通便秘，主治脾虚水肿。

红薯的吃法很多，可甜食、可咸食、可烤食、可粥食，也可提取淀粉，是人们饮食生活中不可缺少的食材之一。

制　法

（1）将去皮熟红薯泥放案板上，加入糯米粉和匀，下30个剂。莲蓉馅下30个剂，然后取一个红薯泥按扁，包入莲蓉馅团圆，依此包完。

（2）锅放火上，添入植物油，烧至四成热时，将红薯球下入锅内炸制，边炸边顿火，见红薯球发起，色泽浅红时起锅捞出。

（3）锅重新放火上，添入清水，下入白糖、蜂蜜、橙汁，见汁熬浓时倒入红薯球，翻拌均匀，装在盘内即成。

制作要领

（1）红薯泥一定要细。

（2）包时要包严。

（3）炸时用小火。

（4）汁浓后再下红薯球翻拌。

特　点

色泽红黄，甜酸爽口。

任务4 杏仁豆腐

主料：冻粉50克。

配料：杏仁粉25克，西瓜瓤50克。

调料：白糖300克，鸡蛋清5克。

杏仁豆腐，由杏仁、冻粉、西瓜所组成。将冻粉洗净加清水，放入捣碎成粉状的杏仁，上笼蒸化取出，凉凉后改刀入凉糖水中，用西瓜肉略加点缀，成为一道夏季甜食之一。

杏仁，性温味苦，具有止咳平喘、润肠通便之功效，苦杏仁有小毒，不能多食。

制　法

（1）将冻粉洗净切成段与杏仁粉、清水250克放在汤盘内，上笼蒸化后取出凉凉，切成小象眼块。

（2）白糖300克、清水500克，加入鸡蛋清用勺子打匀，上火加热，糖化汁沸去净浮沫，倒在大汤碗内凉凉，下入冻粉糕，放上西瓜瓤即成。

制作要领

（1）蒸杏仁豆腐时，豆腐不宜过硬。

（2）糖水最好冰镇一下，味道更好。

特　点

凉甜利口。

任务5 琥珀冬瓜

主料：去皮冬瓜1500克。

配料：红绿樱桃各10克。

调料：白糖250克，冰糖250克，糖色3克，白油100克。

琥珀指色泽，即似红非红，似黄非黄的色泽，业内称为琥珀色。在烹饪中琥珀不仅指色泽，还指甜食的技法，如琥珀冬瓜、琥珀莲子、琥珀山药等。

琥珀冬瓜，是将经过初步加工成形的冬瓜，利用糖浸收汁的制作程序，最终达到色泽似红非红，似黄非黄，质感筋糯，口味甜香的特点，故称琥珀冬瓜。

制　法

（1）将去皮冬瓜制成桃形，放开水内焯一下捞出，硬面朝下，放在竹箅上，用盘扣住。

（2）锅放火上，添入清水、白糖、冰糖，水沸后，下入去皮冬瓜，大火烧开、小火煨制，6小时见冬瓜收缩，下入糖色、白油继续煨制，约8小时，见冬瓜呈琥珀色，透明发亮时，用漏勺托住锅垫，扣入盘中，用红绿樱桃点缀后，将锅中的汁浇在上面即成。

制作要领

（1）冬瓜选用肉厚的老冬瓜。

（2）加热时间使用小火。

特　点

筋香利口。

任务9　红袍莲子

主料：大红枣200克，水发莲子100克。

配料：橙子2个。

调料：白糖150克，白油50克。

红袍莲子，河南传统甜食。此菜以莲子和红枣为原料。经过初步加工，将蒸好去内心的莲子酿入去核的红枣中，然后加糖上笼蒸透，合在盘内，略加点缀，浇上蜜汁即可上桌。

红枣具有补气养血、补中益气、健脾益胃、滋阴壮阳等作用。莲子具有补脾止泻、益肾固精、养心安神之功效，是理想的食材之一。

制　法

（1）大红枣洗净，截去两头，用捅枣棒将枣核捅出，再把红枣投入50℃的温水中，浸泡30分钟，捞出后用刀在每个枣中间横切一刀（不要切断）。

（2）将初步加工好的莲子放碗内，加入适量清水、白油（25克），上笼蒸透取出，沥去水分。

（3）取净碗一个，用白油（10克）将碗内壁抹匀。将莲子逐个塞入红枣中间，整齐地竖直排列在碗内，与碗口排平。将白糖（50克）撒入装满红枣的碗内，上笼蒸透扣在盘中间，橙子切片排放在红枣周围。

（4）将蒸红枣的汁沥入炒锅内，放中火上，加入白糖（100克）、白油（15克）炒汁，待汁浓发亮时起锅，浇在红袍莲子上即成。

制作要领

（1）碗内壁需抹油。

（2）枣核需处理掉。

特　点

形象美观，口味醇香。

任务10 雪里藏珠

主料：干莲子125克。

配料：鸡蛋清2个，火腿蓉5克，香菜叶5克。

调料：盐0.1克，白糖100克，蜂蜜25克，清油5克。

　　雪里藏珠，以莲子为原料。莲子，即荷花的果实，自生或栽培于池塘内，我国大部分地区有分布，如湖南、湖北、福建、江苏、浙江、江西、山东、安徽、河南、辽宁、云南、贵州等均有栽培，以湖南产的最佳，称为湘莲，以福建产量最多，称为建莲。鲜莲子以伴食最多，干莲子蒸发以后以甜食最多，如：琥珀莲子、拔丝莲子、蜜炙莲子、冰糖莲子。

制　法

（1）将干莲子放锅内用水汆透冲洗干净，放碗内，加入适量清水及清油上笼蒸透取出。

（2）将蒸透的莲子用刀切去两头，捅出莲心，放凉水内冲洗干净，放开水锅内汆透捞出，控干水分。

（3）锅放火上，添入清水，下入白糖及少许的盐，放入莲子小火收汁，待汁浓加入蜂蜜再收片刻，起锅装在盘内。

（4）将鸡蛋清制成高丽糊状，高低不等地拨在莲子上，撒上火腿蓉，上笼哈一下取出，香菜叶插在高丽糊上作松树点缀，即可上桌。

制作要领

（1）干莲子蒸熟后要除去莲心。

（2）蜜炙莲子时要用小火。

（3）鸡蛋清一定要打成雪状。

（4）上笼哈的时间不宜过长。

特　点

外形似雪山，内有珠子（莲子）。

技能考核

考核要求

1. 设备、考位应统一编号。
2. 考生要穿戴整洁的工作服、工作帽。
3. 按照考核要求，备好有关烹调工具、盛器和原料。

评分标准

试题总成绩实行百分制积分方法，60分以上为及格。其中每道菜按百分制评分，评价指标见下表。

评分标准

评价指标	考核标准	标准分	得分
造型	形态美观，自然逼真	20分	
色彩	自然，符合制品应有的色泽	10分	
调味	体现原料的本味及成品风味，口味纯正	10分	
刀工	刀工精细，产品均匀	35分	
技术性	工艺性强，有一定的技术难度	10分	
创新性	特色鲜明，作品之前没有出现过	10分	
安全性	操作安全	5分	
合计		100分	

汤菜烹调工艺实训

实训目标

❶ 熟练掌握各种汤菜的烹调工艺制法，符合规格要求。

❷ 养成良好的汤菜制作操作习惯。

实训方法

教师讲解→示范操作→学生个人练习→教师指导→综合讲解→填写实训报告。

任务1 清汤官燕（位）

主料： 官燕5克。

配料： 鸽蛋1个，香菜叶少许。

调料： 高级清汤100克，盐1.5克，
料酒3克，葱姜水3克。

官燕，又称燕窝，是金丝燕在海中食小鱼小虾，经胃消化后吐出来的唾液而筑成的窝体，故称燕窝。燕窝营养极其丰富，是一种名贵的高级补品，历史上被视为"八珍"之首。其种类有三种，即血燕（又叫红燕）、官燕、毛燕。以血燕质量最好，官燕销量最大，毛燕质量次之。

制　法

（1）官燕用水涨发后，用镊子择净燕毛，加入高级清汤少许，上笼蒸10分钟取出备用。

（2）高级清汤加热调味后倒入盛器内，放入熟鸽蛋、蒸好的官燕，再用香菜叶点缀即成。

制作要领

官燕涨发要透，吊汤要醇厚。

特　点

汤清味醇，营养丰富。

清汤官燕

任务2 酸汤乌鱼蛋（位）

主料： 乌鱼蛋片40克。

配料： 香菜叶少许。

调料： 盐1.5克，胡椒粉0.1克，
酸黄瓜汁5克，清汤75克，
味精0.5克，料酒1克。

酸辣乌鱼蛋汤，是国宝级烹饪大师侯瑞轩老师所创，利用乌鱼蛋和吊制的高级清汤，制成汤清如茶水，味厚挂齿唇，口味酸辣香，吃酸不见醋，吃辣不见辣的高端国宴极品。此菜招待过我国三代领导人和世界上180多位外国元首，至今仍经久不衰，常作一种神奇菜品广传于世。

制　法

（1）将乌鱼蛋片除净盐味后，放入开水内余一下捞出，放盛器内。

（2）清汤中加入盐、味精、料酒、胡椒粉、酸黄瓜汁烧开，调好味，倒入盛有乌鱼蛋片的器皿中，放上香菜叶即成。

制作要领

（1）清汤不仅要清，而且要醇厚。

（2）突出酸爽味道。

特　点

汤清如水，口味酸爽醇厚。

任务3　龙胎凤子汤

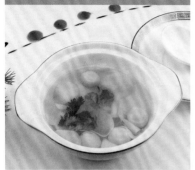

主料：乌鱼蛋片100克，母鸡小软蛋150克（又称凤子蛋）。

配料：香菜叶5克。

调料：盐5克，香醋25克，白胡椒粉5克，清汤500克。

此汤由乌鱼蛋与小软蛋为原料烹制而成。乌鱼蛋，即雌性乌鱼的卵巢，故称龙胎、小软蛋，即母鸡腹中未成蛋，故称凤子。前者色泽洁白，性平味咸，后者色泽柿黄，营养丰富，两者均为名贵食材。

制　法
（1）乌鱼蛋片放凉水内泡出盐味，用开水烫一下，控干水分。
（2）母鸡小软蛋洗净，放开水锅内用小火余透洗去浮沫。
（3）香菜叶洗净。
（4）取小汤锅，放入清汤，加入盐、香醋、白胡椒粉烧沸后，再用净口布过滤一下，将汤重新放入小汤锅内，加入乌鱼蛋片、凤子蛋烧沸，倒在汤碗内，上撒香菜叶即可上桌。

制作要领
（1）乌鱼蛋片要用凉水冲去咸味，并开水余后备用。
（2）凤子蛋大小要均匀，以蚕豆大小为宜。
（3）调好味的清汤需再用净口布过滤，达到汤的清澈度。

特　点
汤鲜味醇。

任务4　鸡豆花

主料：鸡脯肉150克。

配料：豌豆苗50克，熟火腿末25克，淀粉25克，蛋清120克。

调料：盐5克，味精2克，白胡椒粉15克，清汤750克。

鸡豆花，是由鸡脯肉，鸡蛋清，吊制清汤，经精细加工烹制而成，配上碧绿的豌豆苗及熟火腿末略加点缀，使之成为汤鲜质嫩，豆花不用豆，吃鸡不见鸡，色泽夺目的佳肴。

制　法
（1）鸡脯肉去筋，用刀背砸成蓉，在用刀反复剁细成鸡肉泥，放盆内，加入蛋清、淀粉、盐2克、清汤100克、白胡椒粉，用手搅拌均匀。
（2）锅刷净放火上，添入清汤烧沸，将鸡蓉浆搅拌后入锅内，待微沸，将锅移小火上煨5分钟，使之凝聚成鸡豆花，装入碗中。
（3）豌豆苗放开水中余熟，撒在鸡豆花汤中，熟火腿末撒在上面即成。

制作要领
（1）鸡脯肉中的筋去净。
（2）成蓉后再剁细成泥。
（3）入锅后微沸，移小火上煨透，成豆花状。

特　点
汤鲜肉嫩，豆花不用豆，吃鸡不见鸡。

任务5　梅花鱼蓉

主料：青鱼肉250克。

配料：豌豆苗10克，鸡蛋清2个，粉芡15克。

调料：盐5克，料酒10克，味精1克，葱姜水150克，清汤750克，白猪油25克。

　　梅花鱼蓉是一道汤菜，在清汤鱼圆的基础上制作而成，它由较为细嫩的鱼蓉，利用裱花袋挤制成形，通过点缀的手法，生成如朵朵梅花一样漂浮在汤中，如同一幅画卷。

制　法

（1）将青鱼肉洗净血污，放墩子上砸成泥蓉，放盆内，加入蛋清、粉芡、盐，用手搅上劲，然后陆续加入葱姜水搅上劲，最后加入白猪油搅匀。

（2）取裱花袋1个，将尖部稍剪去，鱼糊装在裱花袋内。

（3）另取1个平盘，将鱼糊通过裱花袋挤成梅花状，上笼用小火哈3分钟取出。

（4）将清汤入锅，加入盐、味精、料酒烧沸，投入豌豆苗，尝好口味，倒在汤盆内，将蒸透的梅花鱼蓉冲入汤盆中即成。

制作要领

（1）青鱼肉去净刺皮、泡出血污。

（2）砸蓉要细，制糊要有劲。

（3）清汤要清澈。

特　点

汤鲜味厚，形象逼真。

任务6 文思豆腐

主料：内酯豆腐300克。

配料：水发香菇丝、冬笋丝、火腿丝、青菜叶丝各10克，淀粉30克，姜末10克。

调料：盐5克，味精1克，料酒10克，奶白汤500克。

文思豆腐，是一道历史悠久的淮扬名菜。传说在乾隆年间，文思和尚在扬州天宇寺修持，由于烧香拜佛的人士颇多，他便研制了此膳，不仅溢味鲜美，而且卖相上佳，吸引了远近很多善男信女来寺中品尝。据说当年乾隆皇帝也曾品尝过此菜，并得到赞赏，一度成为清宫名菜。

制 法

（1）将水发香菇丝、冬笋丝放开水内焯一下捞出，控干水分，与火腿丝、青菜叶丝放在一起。

（2）将内酯豆腐用平刀从中间冲开，用立刀先切薄片，将豆腐用刀托起，再在刀面上将豆腐码斜，再立刀切成细丝放盘内。

（3）锅放火上，添入奶白汤，下入姜末、调料，放入配料及豆腐丝，沸腾，勾入流水淀粉以及除去浮沫，装在汤盆内即成。

制作要领

（1）切豆腐时要先片两开再逐块按上法切丝。

（2）做汤时汤沸后再入豆腐丝。

（3）此汤勾芡不宜太稠。

特 点

汤鲜味醇，是历史名汤。

任务7　奶汤炖黄辣丁鱼

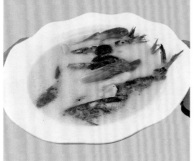

主料: 黄辣丁鱼750克。

配料: 水香菇50克,冬笋片50克,嫩菜心1棵,葱段、姜片各15克。

调料: 白猪油50克,味精1克,料酒10克,奶白汤1000克。

奶汤炖黄辣丁鱼

黄辣丁鱼,又称黄颡鱼,色泽黄亮,前胸部带有刺枪,最易伤手,加工时需加小心。此鱼性温味甘,其肉质鲜嫩,适宜炸、烧、焖、炖及火锅等方法制作。富含多种营养成分,炖制最能体现此鱼的特色。

制　法

(1) 将黄辣丁鱼用热水略烫,除去黏液并将内脏洗净。

(2) 水香菇大个改刀,小个原形与冬笋片用开水余一下备用。

(3) 锅放灶上,添入清水,待水沸后下入黄辣丁鱼余一下水捞出,除去血污,控干水分。

(4) 锅重新放火上,添入猪油烧热,下入黄辣丁鱼略煎,投入葱姜,兑入奶白汤,炖制,见鱼熟汤浓白时,下入水香菇、冬笋片、嫩菜心及调料调味,略炖片刻,即可出锅。

制作要领

(1) 初步加工黄辣丁鱼时要注意防止刺伤手指。

(2) 黄辣丁鱼先余后煎防止出血污影响汤质量。

(3) 炖鱼基本成熟再调味,防止蛋白质凝固。

特　点

汤鲜肉嫩。

任务8　龙井豆腐(位)

主料: 嫩豆腐块75克。

配料: 龙井茶叶2克。

调料: 盐0.2克,味精0.1克,料酒1克,清汤75克。

豆腐分为南豆腐、北豆腐和薄豆腐等种类。豆腐性凉味甘,是人们饮食生活中最常见品种之一。因它质地细嫩,口感软嫩,营养丰富,老少适宜,为人们所喜欢。豆腐适合多种制作方法,可凉可热,可蒸可烧,可菜可汤等。

制　法

(1) 将龙井茶叶放碗内,冲入开水50克,将茶叶冲洗一下,重新放碗内,冲入开水50克,用盘盖在碗上。

(2) 将箱子形的嫩豆腐块放入鲜汤内浸透捞出,控干水分,放在汤碗内,将龙井茶叶放在豆腐块上。

(3) 锅放火上,添入清汤、龙井茶水及调料,待汤沸后冲入豆腐碗内即成。

制作要领

(1) 豆腐放汤内要用小火浸透,并且汤内要加少量的盐。

(2) 雨前龙井茶为佳,先用开水冲烫一下为洗茶。

(3) 汤放锅内加热调味时要用专用小汤锅。

特　点

汤清质嫩,龙井茶风味。

任务9　炖吊子（位）

主料：大肠头200克。

配料：小香菇2个，玉兰片25克，姜末15克。

调料：盐1克，味精1克，料酒10克，葱姜水各25克，奶白汤100克，生抽20克。

　　吊子，即猪大肠头，长垣传统名菜。此菜以煮熟的白大肠头为原料，经精心烹制，成为一种与其它炖菜不同的食用方法。其区别有二，①口味较淡，食者根据自己的口味再调味；②吊子蘸着姜末生抽食用，别有一番风味。

制　法

（1）将玉兰片切成柳叶片与香菇放在一起。

（2）将大肠头里外洗净放开水锅里煮十成熟捞出，放墩子上，斜刀切成片状备用。

（3）将姜末、生抽放小汤碗里。

（4）锅上放火、添入奶白汤、加入少量的盐、味精、料酒、葱姜水、小香菇、玉兰片及大肠头炖制片刻、去沫、装在汤碗内，上桌时外带盐面，食者自己调味，外带姜末、生抽汁蘸食。

制作要领

（1）大肠头里外要洗净，煮十成熟白肠。

（2）炖制汤汁宜淡不宜咸。

特　点

汤厚味醇，质软味香。

炖吊子

任务10 管廷凤丝汤（位）

主料：黄香管1根，未生蛋50克。

配料：菜心1个。

调料：盐0.2克，味精0.1克，料酒1克，姜汁1克，上等清汤75克，白胡椒粉0.1克，酸黄瓜汁6克。

　　管廷，又称黄管、黄香管，即猪心脏通往周身处的大动脉血管，色泽淡黄，质地脆糯，是名贵的食材之一。经精细加工，是制成蜈蚣形花刀的理想原料。

　　凤丝，色泽金黄，细如棉线，是由雌性母鸡腹腔中的未生蛋加工而成。淡黄的管廷，金黄色的凤丝，清汤见底，汤厚挂唇的上等清汤，配上碧绿的菜心点缀，深受食客的喜爱。

制　法

（1）将黄香管去净外皮的油筋，用筷子顶住一端翻转过来，放开汤内煮断生捞出，用刀解成5厘米长的蜈蚣形花刀，加汤上笼蒸烂取出。

（2）未生蛋在98℃热水中挤成细丝状，水微沸捞出与黄香管同放小汤碗内，上放焯过水的菜心。

（3）将清汤放专用小汤锅内，加入全部调料烧沸，再经过滤后，倒在小汤碗内即成。

制作要领

（1）黄香管外部筋皮要去净，翻转后煮断生。

（2）解蜈蚣花刀时刀距要均匀。

（3）挤凤丝时用力要均匀，不能用力过大。

（4）汤调味后再过滤一次，汤会更清，这就是吃酸不见醋，吃辣不见椒的典型汤品。

特　点

汤鲜味醇，酸辣口味。

任务11　菊花豆腐

主料：内酯豆腐3盒。

配料：青菜心10克，枸杞5克。

调料：盐5克，味精2克，料酒15克，清汤500克。

菊花豆腐，以内酯豆腐和吊好的高级清汤为原料，内酯豆腐经过精细的加工技术，使成品在汤中达到一朵朵菊花般的形态。齿颊留香的汤汁，洁白如玉的菊花状的豆腐，配上绿叶的菜心和红艳的枸杞，真是锦上添花。

制　法

（1）将清汤兑入调料后加热，分别装在器皿中，内酯豆腐切成方块，划成菊花状放入汤内，上笼蒸透取出。

（2）将青菜心、枸杞放开水中焯一下取出，放在菊花豆腐上即成。

制作要领

（1）豆腐划时要均匀，深度相等。

（2）划好要放在调好味的清汤里。

特　点

清鲜质嫩，形如菊花。

任务12　浓汤四宝

主料：水发鱼肚50克，熟干贝10克，水猴头菇30克，水羊肚菌10克。

配料：十香菜心1个，淀粉5克。

调料：盐2克，味精1克，料酒10克，葱姜水10克，红花汁10克，浓汤100克，三味油15克，鸡油10克。

浓汤指的是用含鲜味较足的鸡子、鸭子、肘子、骨头等，经过精细洗涤处理，用旺火或中火煮制的白汤，也称奶汤，色泽雪白，汤味醇厚，挂齿留香。浓汤四宝菜肴的浓汤除用上述浓汤外，还要在汤中加入藏红花汁，此汤不仅有浓香的味感，还有红花汁的橙黄亮度及红花汁的药性作用，增加菜品的特殊色泽与风味。

四宝是指四种名贵的食材，鱼肚、干贝、猴头菇、羊肚菌。鱼肚也称花胶。干贝又称鳐柱，性平、味甘，属高蛋白低脂肪的美食。猴头菇又称猴头菌，羊肚菌又称羊素肚，性平、味甘，菌中名品，香醇可口，有"素中荤"之称，深受消费人群的欢迎，有较高的营养价值。

制　法

（1）将所有主料分别焯水，控干水分。

（2）将主料分别整齐地放在盛器内，盖上盖，上笼蒸15分钟取出。

（3）将三味油放锅内上火，加上浓汤、盐、味精、料酒和葱姜水调汁，汁沸勾入流水芡，加入红花汁调色，随后放入鸡油搅匀，浇在四宝上，用十香菜心点缀即成。

制作要领

（1）干贝蒸前要去腰筋。

（2）猴头菇片成片后要煨透。

（3）羊肚菌要洗净，去柄蒸透。

（4）汤汁要调成米黄色。

特　点

浓香可口，唇齿留香。

任务13 杂粮鲍鱼

主料：涨发好的4头鲍鱼1只。

配料：鲜毛豆籽、嫩玉米粒、嫩红豆籽、小麦仁各20克，淀粉2克。

调料：盐1克，味精1克，料酒5克，鲍鱼汁10克，鲜汤100克，葱姜水10克，熟猪油20克，鸡油5克。

鲍鱼，性平、味甘咸，含有丰富的蛋白质，较多的钙、铁、碘和维生素A等营养物质，属滋补佳品，具有养血、柔肝、滋阴、清热、明目之功效，是一种补而不燥的海味。鲍鱼的吃法很多，可清蒸、可红烧、可清炖和凉拌等。杂粮鲍鱼由烩制方法制作，将鲍鱼与杂粮融为一炉，相互借味，相互补充。杂粮与鲍鱼合食，可以说是妙配，此菜具有陆产杂粮的营养物质，又有海中之宝的美味，深受众人群的青睐，是招待尊贵客人之佳品。

制　法

（1）将小麦仁加水上笼蒸透。

（2）将毛豆、玉米粒和红豆用开水煮透，捞出控干水分。

（3）鲍鱼加汤及调料用小火煨透。

（4）锅放火上添入猪油，下入鲜汤，投入配料，加入调料及鲍鱼，小火收汁，勾入小流水芡，淋入鸡油，盛在器皿中即成。

制作要领

（1）发好的鲍鱼用蓑衣花刀解一下并煨透。

（2）勾芡不宜过稠。

特　点

软香可口。

任务14 生汆丸子汤

主料：猪瘦肉250克。

配料：水木耳25克，水笋片25克，白菜50克，鸡蛋清1个，淀粉15克，葱末、姜末各5克。

调料：盐8克，味精2克，料酒10克，鲜汤1000克。

生汆丸子汤，长垣历史名汤，因其质嫩、味鲜且细腻，深受食客喜爱。此汤属于生汆的方法，但又区别于清汤汆的制作规律，配上配料熟制后，食者无不赞美。

制　法

（1）水木耳用手撕开，水笋片切成柳叶片，白菜切成大块，放开水中焯一下。

（2）猪瘦肉放墩子上，用刀切片剁碎砸成泥，越细越好，放小盆内，加入鸡蛋清、淀粉用手搅匀，兑入凉水250克、盐适量，用手朝一个方向搅上劲，至肉泥挤成小丸子，放凉水内漂起为止，加入葱末、姜末搅一下。

（3）锅放火上，添入鲜汤，烧至六成热时，将肉泥用手挤成小丸子状下入汤中，依此法挤完，待锅中汤沸，去浮沫，下入配料，加入调料，尝好味道起锅装在品锅内即成。

制作要领

（1）肉中不要有筋，砸时越细越好。

（2）打上劲，丸子挤圆。

特　点

汤鲜味醇，丸子质嫩。

技 能 考 核

考核要求

1. 设备、考位应统一编号。
2. 考生要穿戴整洁的工作服、工作帽。
3. 按照考核要求，备好有关烹调工具、盛器和原料。

评分标准

试题总成绩实行百分制积分方法，60分以上为及格。其中每道菜按百分制评分，评价指标见下表。

评分标准

评价指标	考核标准	标准分	得分
造型	形态美观，自然逼真	20分	
色彩	自然，符合制品应有的色泽	10分	
调味	体现原料的本味及成品风味，口味纯正	10分	
刀工	刀工精细，产品均匀	35分	
技术性	工艺性强，有一定的技术难度	10分	
创新性	特色鲜明，作品之前没有出现过	10分	
安全性	操作安全	5分	
合计		100分	

模块五

长垣名菜与名小吃烹调工艺实训

实训目标

❶ 熟练掌握各种菜肴与小吃的烹调工艺制法，符合规格要求。

❷ 养成良好的凉菜制作操作习惯。

实训方法

教师讲解→示范操作→学生个人练习→教师指导→综合讲解→填写实训报告。

项目一　长垣名菜烹调工艺实训

任务1　大葱烧海参

主料：水发海参500克。

配料：炸黄的大葱段100克，淀粉15克。

调料：盐6克，味精3克，料酒15克，酱油5克，姜汁15克，鲜汤250克，葱油100克，明油5克。

　　海参——海中人参，又名海鼠，是一种棘皮动物，名贵海产品。《本草纲目》称"海参滋补健身"，对高血压、冠心病、肝炎患者有疗效，海参种类很多，以辽参为佳。此菜以炸黄的大葱段与海参同烧，是传统的名菜制作方法，多为宴席头菜。

制　　法

（1）将海参顺长片成卧刀片，放开水内汆一下，再放开汤内"杀"一下捞出，控干水分。

（2）将锅放火上，添入葱油，烧至六成热时，将海参下入锅内煸炒，添入鲜汤，投入调料，下入炸黄的葱段，小火收汁烧制，待汁浓令海参入味后，勾入流水芡，加入明油起锅装在盘内即成。

制作要领

（1）海参涨发要恰到好处，达到柔软光滑的质感。

（2）烧制时间要长些，滋味更佳。

特　　点

汁柿红，海参软糯，味鲜香。

任务2 扒广肚

主料：水发广肚600克。

配料：嫩菜心100克，淀粉15克。

调料：三味猪油75克，盐5克，葱姜汁20克，鲜汤300克，明油3克。

扒广肚，长垣厨乡传统名菜，千年以来均属珍品。广肚，也称鱼肚、鱼胶、花胶等，是大型鱼类的浮沉器官，自古就列为"海八珍"之一。它最早记载于北魏时的《齐民要术》一书，到了唐代，广肚已列为贡品，宋代渐入酒肆。

制 法

（1）将水发广肚用坡刀片成8厘米长、4厘米宽的片状。

（2）嫩菜心洗净，用胡萝卜安上根。

（3）将锅垫放在33.3厘米圆盘上，水发广肚整齐地码在锅垫上，上边用盘扣住。

（4）锅放火上，添入清水，放入锅垫及水发广肚，水开片刻取出锅垫与水发广肚，倒出锅内的汤汁。

（5）锅放火上，加入鲜汤及调料，放入锅垫广肚，汤开片刻，用漏勺托出锅垫与广肚，倒出锅内的汤。

（6）锅重新放火上，添入三味猪油，下入鲜汤、加入调料、放入锅垫与水发广肚，用小火扒制，见汤汁浓白，用漏勺托住锅垫，将上面盖盘取下，扣上扒盘，合在盘中。锅内的汁放入菜心烧至断生，勾入流水芡，淋入明油，菜心码在水发广肚周围，汁浇在水发广肚上即成。

制作要领

（1）油炸广肚时要炸透，并保持洁白的色泽。

（2）锅垫上码上水发广肚时要整齐，彰显此菜之大气。

特 点

软糯鲜香。

任务3　炒肉丝带底

主料：猪后腿肉150克。

配料：水粉皮丝200克，嫩芹菜100克，青菜叶、水木耳少许。

调料：姜末5克，麻酱25克，酱油20克，香醋30克，芥末15克，香油15克，盐适量，清油50克。

2010年6月，长垣豫膳苑酒店制作的肉丝带底，被认定为中国名菜、厨乡名菜。此菜选用长垣高村粉皮，经浸泡切丝煮软，加入盐、醋、焖芥末糊、蒜泥、香油、芝麻酱等调料，拌匀放入海碗中与炒好的肉丝一起上桌，当着客人的面浇在粉皮上即可拌食，是一款热菜凉吃荤素搭配的经典菜肴。

制　法

（1）将肉、水木耳洗净，分别切成细丝。芹菜去老根，切成3厘米长的段，放凉水里洗净，将青菜叶焯水。

（2）锅上火加油，油热时将肉丝和芹菜同时下锅煸炒，加入姜末5克、酱油10克、盐适量，用勺搅匀，见肉丝熟时，翻炒一下，装在盘内。

（3）把加工好的水粉皮丝平摊在盘内，上边撒上焯好的青菜叶、水木耳丝，淋上麻酱，取酱油10克、香醋30克、芥末15克、香油15克、盐适量兑成汁，放海碗内，将水粉皮丝盘在海碗上，将炒好的肉丝放上边即可。

特　点

鲜咸味美，酸辣利口，是下酒佳肴。

任务4　炸八块

主料：白条仔鸡1只（重量约750克）。

配料：葱段、姜片各10克。

调料：盐4克，味精1克，料酒10克，酱油0.5克，胡椒粉1克，花椒、大茴香各5克，花椒盐3克，清油2000克（约耗75克）。

长垣厨乡历史名菜。2010年6月，西西饭店制作的炸八块被认定为中国名菜。一只鸡剁八块，经炸制后，又香又嫩又美观。相传清朝乾隆皇帝巡视河南在开封府曾领略过其风味，由此闻名于世，至今已有近200年的历史。

制　法

（1）将初步加工好的白条仔鸡洗净，取下两只大腿，鸡胸脯用刀冲开，然后鸡胸脯剁成四块，鸡腿顺骨划开，也剁成4块，八块鸡放盆内加入葱段、姜片及调料拌匀麻制，约60分钟拣出葱段、姜片，用净布揾干。

（2）锅放火上添入清油，烧至五成热时，将鸡块逐块下锅炸制，边炸边顿火，见鸡块浮出油面捞出，油温升到六成半热时，将八块重炸一次，至色泽红黄，外焦里嫩时捞出，装在盘内，上撒花椒盐或外带花椒盐即成。

制作要领

（1）选择的白条仔鸡不宜过大。

（2）加工时腿骨要砸断，肉用刀切几下。

（3）炸时要控制好油温，保证里边嫩度恰到好处。

特　点

颜色红黄，干香鲜嫩。

任务5 三鲜铁锅烤蛋

主料：鲜鸡蛋500克。

配料：鲜虾仁50克，水广肚25克，水鱿鱼50克。

调料：盐5克，鸡油50克，料酒10克，香醋30克，清汤300克，葱姜水50克，花生油25克。

　　三鲜铁锅烤蛋，为厨乡长垣的一道名菜，历史悠久。以鸡蛋、虾仁、鱿鱼、广肚、鲜汤为原料，利用特制铁锅烤制而成，质嫩味鲜。清朝末年，长垣厨师在北京开设梁园饭庄，以此菜为招牌菜，轰动北京城，后传入宫廷菜中，故三鲜铁锅烤蛋不仅河南有，而且北京也有的缘故。

制　　法
（1）用刀将水鱿鱼、鲜虾仁、水广肚切成小绿豆丁。

（2）鸡蛋破壳打在小盆内，加入盐、料酒、鸡油、葱姜水、清汤，用筷子敲打融合，然后加入配料打匀备用。

（3）将铁锅及铁锅盖放炉火上烧热，锅内下入花生油，用刷子刷一下锅的内壁，倒入搅好的蛋液、用小勺推住锅底搅炒，见蛋液呈稠糊状，将烧热的铁锅盖盖在上边，上边烤，下边烧，烤制上边金黄即成。

制作要领
（1）蛋液与汤的量要恰当。

（2）火候掌握要得当。

特　　点
色泽金黄，鲜香美味。

任务6 全家福

主料：红、白肉丸子各50克，香菇、金华火腿、广肚、熟发鱿鱼、酥肉、豆腐各100克，白菜帮250克，带皮五花肉150克，海米25克。

配料：葱段、姜片各15克，八角2个。

调料：三味油85克，酱油5克，盐8克，味精3克，料酒15克，鲜汤600克。

　　全家福，是厨乡长垣的一道名菜，它由多种原料组成。经过精细的配料加工和烹调得当的火候掌握，生成老少皆爱的菜肴。说起全家福这个菜，有三种不同规格的配料方法和烹调方法：高规格的称"佛跳墙"，依次为"全家福""烩全菜"，均受人们喜爱。

制　　法

（1）将带皮五花肉切成长3厘米、厚1厘米的片状，香菇改刀、金华火腿、广肚、熟发鱿鱼均切片成片状、豆腐切成小块状、白菜帮切成块状。

（2）将锅放火上，添入三味油，下入葱段、姜片、八角炒香。加入带皮五花肉片、用酱油煸炒、待肉片上色，加入鲜汤，汤沸，依次加入香菇、金华火腿、广肚、酥肉、海米、红、白丸子、白菜帮、熟发鱿鱼、豆腐、盐、味精、料酒，菜入味，汁浓时，起锅装在汤盆内即成。

制作要领

注意原料的投放顺序与火候。

特　　点

汤鲜质软，老少适口。

任务7　锅贴豆腐

主料：鸡里脊肉100克，嫩豆腐泥100克。

配料：鸡蛋清3个，粉芡125克，猪网油75克，青菜叶50克，葱椒泥5克。

调料：盐4克，味精1克，料酒5克，白猪肉15克，花生油50克，椒盐1克。

　　锅贴豆腐，是长垣厨乡的一道名菜。它由多种原料组成，是一款古老典型的荤素搭配比较合理的膳食。它不仅外焦里嫩、老少皆宜、传承至今，更重要的是它金黄的色泽，葱椒的香气使食客吃后难以忘怀。

制　法

（1）鸡里脊肉去筋砸泥，嫩豆腐泥成泥，猪网油开水蘸一下，切成长8厘米、宽6厘米的长方片三片，备用。

（2）将鸡里脊肉泥制成鸡蓉糊，加入豆腐泥、鸡蛋清1个、淀粉80克、葱椒泥、盐、味精、料酒、猪油用手搅上劲备用。

（3）将鸡蛋清2个、粉芡45克、盐少许制成鸡蛋清团粉糊备用。

（4）将猪网油放在平盘内，将鸡蓉、豆腐制成的糊均匀地放在网油上摊平，上盖青菜叶。

（5）锅放火上，烧热打抹光，下入花生油，将豆腐沾匀蛋清团粉糊下锅内火煎制，上面盖上锅盖，边煎边将锅转动，约5分钟，揭去锅盖，见下面焦黄时倒在墩子上，剁成条状装盘，上撒花椒盐即成。

制作要领

（1）制鸡蓉豆腐糊要上劲。

（2）煎制火候要适当。

注：此菜已改用炸的方法制作成菜。

特　点

色泽红黄，咸鲜可口，葱椒风味。

任务8　豫膳紫酥肉

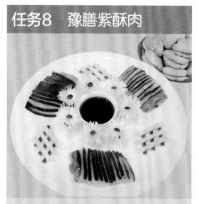

主料：猪硬五花肉750克。

配料：菊花葱100克，白萝卜条50克，青瓜条50克，荷叶夹10个，葱段、姜片各25克，鸡蛋清1个，淀粉5克。

调料：盐6克，味精1克，料酒10克，甜面酱50克，酱油25克，花椒10克，清油2000克（约耗25克）。

豫膳紫酥肉，为长垣传统名菜，以炸的烹调方法和成菜后的色泽与质感而得名，已经有一百多年的历史。此菜以猪硬五花肉为原料，经过烤、煮、蒸和反复炸制而成，具有色泽棕红，外焦里嫩，肥而不腻的特点，配上葱段、甜面酱、荷叶夹佐食其味更加。有"不是烤鸭胜似烤鸭"之誉。2010年6月，中国烹饪协会授予长垣豫膳苑酒店炸紫酥肉为中国名菜。

制　法

（1）五花肉皮向下放火上烤煳后泡软，刮净煳皮，再放火上烤煳泡软刮净皮煳，放入开水中煮透，捞出，放盆内，加葱、姜、花椒、盐、味精、料酒、酱油抄拌均匀，上笼蒸60分钟取出，握干水分。

（2）用鸡蛋清、淀粉制成糊，抹在肉的表面。

（3）将清油烧至五成热时，将肉下锅炸制，待肉发酥时，蘸醋2次激炸，待色呈紫红时捞出，切成片装盘，上桌时，外带甜面酱、荷叶夹。

制作要领

（1）选用猪硬五花肉。

（2）浸炸时间宜长不宜短。

特　点

色呈紫红，肥而不腻。

任务9　霜打馍

主料：馒头2个。

调料：白糖150克，花生油1000克（约耗50克）。

霜打馍，长垣厨乡名菜，中国名菜。霜打馍，馍经去皮、切条、泡软、然后入油锅炸制后，采用传统的挂霜技法制作成菜。做好此菜的关键在于熬糖，糖汁要熬得恰到好处，否则轻了不落霜，重了不粘馍。成菜外酥里浓，风味别致，雅俗共赏。

制　法

（1）揭掉馒头皮，切成4厘米长、1厘米宽的条，放凉水内泡透，然后一条一条拖出，平放盘内，沥净水分。

（2）炒锅置中火上，添花生油，烧至油热四成时将馒头逐条下锅炸制，至色微黄外皮发硬时，捞出沥油。

（3）炒锅刷净，添少许清水，下入白糖，在小火上熬汁化糖，用锅铲炒拌，待糖化成浓汁发白时，将炸好的馒头下入，用铲轻轻翻动，糖汁裹到馒头上凝固成霜后，紧铲几下出锅，装入盘中。

制作要领

（1）需注意先将馒头放凉水中泡透。

（2）炸时油温不宜过高。

特　点

洁白如雪，香甜可口。

任务10　红烧黄河鲤鱼

主料：黄河鲤鱼1条（重量约750克）。

配料：水木耳25克，水笋片25克，熟五花肉10克，马蹄葱、蒜片、姜丝共25克，鸡蛋半个，淀粉30克。

调料：盐8克，酱油12克，味精3克，料酒20克，白糖少许，鲜汤500，清油1500克（约耗75克）。

红烧黄河鲤鱼，是长垣的一道河南名菜，烹饪技法以红烧为主，色红黄，味咸鲜，质软嫩，汁浓味美。

长垣得黄河中下游之利，所产金色鲤鱼为历代贡品。鲤鱼，金鳞赤尾，形态可爱，肥嫩鲜美，肉味纯正，以黄河自然生长为佳。《诗经》岂其食鱼，必河之鲤，说的就是黄河鲤鱼。

制　法
（1）将鱼刮鳞、挖鳃、破腹、取内脏洗干净放墩子上用刀剖一下，两边均解成瓦垄形的花纹。

（2）将水木耳用手撕开，水笋片切成柳叶片，熟五花肉切成丁，与葱、姜丝、蒜片放在一起。

（3）将鸡蛋、淀粉、酱油少许搅成糊，将鱼放在糊内蘸匀，下入六成热的油锅内炸成柿黄色起锅沥油，留少许汁，锅重新放火上，下入葱、姜丝、蒜片煸炒出香味，下入其他调料及鲜汤、调料，放入鱼大火烧开，小火烧制，待汁剩1/4并汁浓时起锅装在盘内即成。

制作要领
（1）鱼鳞要刮干净。

（2）注意不要弄破苦胆。

（3）烧时要用小火烧制。

特　点
色泽柿黄，软嫩鲜香。

项目二 长垣名小吃烹调工艺实训

任务1 白胡辣汤

主料： 面粉500克，红薯粉条100克，海带丝100克，油炸豆腐干丝100克。

调料： 盐40克，香油20克，食用谷醋60克，白胡椒粉20克，姜末20克。

长垣烹饪，历史悠久，孕育了许许多多的名菜、名汤、名点、名小吃等，白胡辣汤就是名小吃的其中一种，它以口味酸辣，回味无穷色白而闻名。

制　法

（1）将面粉放盆内，加入凉水360克，用手和成软面块，醒20分钟后再和3分钟，反复3次，用凉水洗出面筋，面汁水留着备用。

（2）锅放火上，添入6000克水，下入调料（食醋、香油除外）烧沸，将面筋拉成薄片，在水中涮成细丝条状，将面汁水勾入沸汤中，小火烧沸锅中的汤汁即可。食用时在碗内淋入香油食醋。

制作要领

（1）洗面筋时不要将面筋洗跑。

（2）洗好的面筋要放在温暖处醒散劲。

（3）熬制时掌握好胡辣汤的浓度及火力的控制。

特　点

酸辣适口。

任务2 肉盒

主料： 高筋面粉200克，五花肉馅200克，煮软剁碎的粉条200克，葱花20克，姜10克。

调料： 盐10克，鸡粉5克，五香粉5克，葱油5克，花生油20克，植物油500克（约耗60克）。

长垣烹饪，历史悠久，孕育了许许多多的名菜、名汤、名点、名小吃等，肉盒就是名小吃中的一种，它以色泽金黄，外酥里嫩而闻名，数百年来经久不衰。

制　法

（1）将面粉加入开水搅拌均匀，加入凉水、花生油和成油酥面团，醒20分钟，均匀地下6个剂。

（2）五花肉馅加入葱花、姜、盐、味精、鸡粉、五香粉、葱油调拌均匀后，下入煮软剁碎的粉条拌匀，分别包入6个面剂中并按成扁饼状。

（3）平底铁锅内下入油，烧至180℃热时，将包好的肉盒放入锅内煎制，边煎边用锅铲将肉盒转动，下边煎成金黄色发酥时，用铲子翻过面再煎，两面均煎成金黄色并酥时，用铲子铲出放盘内即可食用。

制作要领

（1）和油酥面时面块不宜过硬。

（2）包制时肉馅一定包严，不能漏馅。

（3）煎时火力要小，要均匀。

特　点

色泽金黄，外酥里嫩。

任务3　鸡汁豆腐脑

主料：黄豆1000克，白条老母鸡1500克，老母鸡汤2000克，绿豆粉皮500克，熟石膏粉40克，
　　　杀沫油50克，小米面1000克。

调料：面酱350克（分两次用），猪油、鸡油、花生油共1500克，大料包250克（布包），大葱
　　　500克，姜片250克，大蒜250克，花椒50克，小茴香50克。

　　长垣烹饪，历史悠久，孕育了许许多多的名菜、名汤、名点、名小吃等，鸡汁豆腐脑就是
名小吃中的一种。

制　　法

（1）将黄豆泡过后放在石磨或粉碎机内打成稠浆，加入杀沫油去沫，用细箩过滤，制成细浆。

（2）将豆浆汁倒入锅内，先用旺火熬制，后用小火，锅内浆汁上面开始凝固皱皮时即可停火。

（3）熟石膏粉兑入适量的清水搅拌溶解后，倒入点豆腐脑的缸里，将豆浆汁顺着缸边缓缓倒入
　　　缸里，上边加盖密封，不能漏气，等15至20分钟即成豆腐脑。

（4）锅内添水20000至25000克，投入大料包、盐、面酱烧开，滚几滚，捞出料包，勾入小米
　　　面，烧沸起锅备用。

（5）锅放火上，添入猪油、花生油、鸡油烧热，下入葱、姜、花椒、大蒜炸黄捞出，油备用。

（6）绿豆粉皮在火上烤至起泡，掰成小片备用。

（7）母鸡洗净剔骨，切成黄豆大小的丁状，用猪油煸至断生，加入面酱、老母鸡汤、（花椒、
　　　小茴香布包）盐、在小火上燀至鸡肉酥烂时捞出料包，倒在盆内备用。

（8）取碗一个，用片勺装入豆腐脑3至4片，再装入鸡汤和鸡丁，上撒烤制的绿豆粉皮3至4片，
　　　淋上三合油：猪油、鸡油、花生油，外带高桩馍食用最佳。

制作要领

（1）豆汁过滤要细。

（2）点豆腐脑时一次性倒入，中间不能间断。

（3）装豆腐脑时要用片勺，否则易出水，影响质量。

特　　点

光润细嫩，口味鲜香。

任务4　厨乡手工饸饹面

主料： 精粉1000克，焯水绿豆芽100克，黄瓜丝100克，荆芥叶100克。

调料： 盐30克，芝麻酱50克，香醋80克，蒜泥80克，香油30克。

长垣烹饪，历史悠久，孕育了许许多多的名菜、名汤、名点、名小吃等，厨乡手工饸饹面就是名小吃中的一种，它以饸饹筋爽，汤汁酸辣，消暑降温而深受人们的喜食。

制　法

（1）面粉放盆内，加入水和成软面块，双手蘸水和几遍，使面块柔软光滑筋道。

（2）开水锅上火，饸饹床架在锅上，锅内的水烧至沸腾，填在饸饹床槽内100克面块，轧饸饹到开水锅里，滚两滚捞在凉水盆内淘凉。

（3）取碗一个，将淘凉的饸饹面捞在碗内，上放黄瓜丝、焯水绿豆芽、荆芥叶，浇上用盐、香醋、蒜泥、凉开水兑成的汁，再淋上芝麻酱、香油即可食用。

（4）依上述做法做完饸饹面。

制作要领

（1）面块和到柔软光滑筋道。

（2）轧面时用力要均匀。

（3）凉饸饹食用后最好再喝一碗热面汤，感觉更舒服。

特　点

饸饹面筋抖光滑，汤汁酸辣爽口。

任务5　软面糊油条

主料： 面粉1000克，水900克（冬天用温水，夏天用凉水）。

调料： 盐20克，碱10克，白矾10克，植物油1500克（约耗50克）。

长垣烹饪，历史悠久，孕育了许许多多的名菜、名汤、名点、名小吃等，软面糊油条就是名小吃中的一种，它以色泽柿红，焦香适口而闻名。

制　法

（1）将盐、碱、白矾用水澥开，倒在盆内加入水，放入面粉抄拌均匀，用手打上劲，至表面光滑，醒20分钟。

（2）平底厚锅放火上，添入油，烧至油热六成，将面用两根短铁筷子挑起约95克的软面糊，拉成约40厘米长的条放入油锅内（油的深度不能淹没油条），用加长竹筷子翻油条，待下边炸黄，将油条翻过面再炸，两面均炸成柿红色并发焦时用筷子托出控油，上桌食用。

制作要领

（1）掌握好一年四季水温。

（2）使用调料的比例要恰当。

（3）面打好后要醒一醒，便于拉长面糊。

（4）炸制时火力要均匀。

（5）油条翻面炸时上边不要有生面糊，否则影响口感。

特　点

色泽柿红，焦香适口。

任务6　油馍

主料：面粉500克，葱花500克，猪五花肉馅600克，鲜鸡蛋6个。
调料：盐18克，花生油50克、30℃的温水300克。

　　长垣烹饪，历史悠久，孕育了许许多多的名菜、名汤、名点、名小吃等，油馍就是名小吃中的一种。杜记油馍已有数百年的历史，已被新乡市文化局列为非物质文化遗产传承食品。

制　　法

（1）将面粉放盆内，加入30℃温水和成软面块，分6份醒30分钟。

（2）将两个平底锅分别放在两个火源上，有沿的平底锅内放上碎瓦片摊均匀。

（3）取一份面团，双手制成长片状，撒上3克盐、83克葱花、100克肉馅，用竹板交叉拌匀，然后从前端向怀里卷成卷，两端将面捏严，不要漏馅，双手将包好的生坯按成圆饼，放在无沿的平底锅上，依此方法做完，下面烙黄，翻过面烙，两面均成黄色时，放在有沿的平底锅内的瓦片上烤制，边烤边刷油边翻转，烤至七成熟时，将油馍从一端开个口，倒入已搅好的鸡蛋液，捏住口上下翻转几下，使蛋液在油馍内走匀，放在瓦片上继续烤制，并不断地刷油翻转，待色呈红黄，油馍涨起后出锅即成。

制作要领

（1）和面掌握好水的比例、不宜过硬。

（2）包时不要漏馅。

（3）烤时火力要均匀。

特　　点

外酥焦，内软嫩，葱香浓郁，肉香扑鼻。

任务7　脂油火烧

主料： 面粉500克，猪二膘油（生）250克，葱花300克。

调料： 花生油30克，花椒盐10克。

　　长垣烹饪，历史悠久，孕育了许许多多的名菜、名汤、名点、名小吃等，脂油火烧就是名小吃中的一种，深受食客赞美。

制　法

（1）猪二膘油切成黄豆丁与葱、花椒、盐拌成肉馅。

（2）面粉用水和成软面块，下6个剂。

（3）案板上抹上花生油，取1份面剂按扁，压成长片状，取肉馅1/6，放在面皮上，从外端向里卷，两头将馅包严，再按成圆饼状，放在已烧热的专用火烧炉上，下边发硬时翻过面再焙，两面均发硬时放入炉内烤制，边烤边将炉内的火烧转动，使其受热均匀，直到烤至发黄且脂油火烧涨起时，即可出炉食用。

制作要领

（1）面块不宜过硬。

（2）肉馅调味要均匀适口

（3）包制时将馅包严。

（4）上炉烤制时火力要均匀。

（5）下炉烤制时火力要小，要均匀，并不停地将火烧转动。

特　点

色泽金黄，外皮酥焦，葱香扑鼻。

任务8　黍面枣糕

主料： 黍米（又称黄米）500克，大枣泥300克。

调料： 植物油2500克（约耗100克）。

　　长垣烹饪，历史悠久，孕育了许许多多的名菜、名汤、名点、名小吃等，黍面枣糕就是名小吃中的一种，它以色泽金黄，外焦里嫩，香甜可口而闻名。

制　法

（1）将黍米根据四季气温浸泡1至12小时不等，用水磨或机器磨成粉浆。

（2）粉浆装入布袋吊起将打好的粉浆吊干，分10个团。

（3）枣泥分10个团。

（4）取湿布1块放案板上，取面团1份按扁，放入1份枣泥轻按一下，将面团片包严枣泥，左边边沿高一点成耳朵状，将布掀起取出生坯，下入四成热的油锅中炸制，直至色泽金黄、酥焦时捞出，上桌食用。

制作要领

（1）黍米要泡透。

（2）粉浆吊干水分。

（3）包时包成耳朵状。

（4）炸时要用小火。

特　点

色泽金黄，外焦里嫩，香甜可口。

任务9 焦酥麻花

主料：上等高筋面粉500克，发面头（发面角、老面头）50克。

调料：盐12克，碱面10克，食用油3000克（约耗150克）。

长垣烹饪，历史悠久，孕育了许许多多的名菜、名汤、名点、名小吃等，焦酥麻花就是名小吃中的一种。

制 法

（1）面粉放盆内，加入盐、碱、发面头及水，用手和成面块（做到手光、面光、盆光），醒20分钟。

（2）将面块放案板上搓成长条，下80个剂，每个剂用手略搓一下醒20分钟，然后逐条搓成70厘米长的细条，用手捏住中间，比齐，再放案板上，依此搓完，用油布盖住再醒10分钟，用圆面轴卷上搓好的细条4根（上轴头，面要捏扁上牢固，卷至最后也要捏扁上牢固）。

（3）将卷好成形的麻花生坯放在五成热的油锅内，一头用筷子按住，一头用筷子松劲，麻花长度松至30厘米长时，再用筷子拉一下，使其长度达到40厘米长时定形炸制，边炸边用筷子翻动，直至炸成色红黄，焦酥时捞出控油。（一般每锅炸6根麻花为宜）。

制作要领

（1）和面时要掌握好四季水温（25~35℃），发面头用水澥开。

（2）下剂时要大小一致。

（3）搓条时长短粗细相等。

（4）成形上轴时，轴上要抹油，防止粘连并条。

特 点

色红黄，焦酥可口。

任务10　鸡蛋灌饼

主料：面粉500克，鸡蛋6个，葱花300克，猪油50克。
调料：盐12克，花生油500克（约耗120克）。

　　长垣烹饪，历史悠久，孕育了许许多多的名菜、名汤、名点、名小吃等，鸡蛋灌饼就是名小吃中的一种，它以外酥焦，里软香深受食客的欢迎。

制　法

（1）将面放盆内，加入热水（70~80℃）和成面块，揉光揉匀，下12个面剂待用。

（2）取面剂1个，用擀杖擀成长方形的片状，上撒一点盐面走匀，再刷上一点油，然后卷成卷，两端向中间叠，成3折，按成圆片，擀成薄圆皮，依此擀完。

（3）取鸡蛋1个破壳放碗内，加入盐、葱花50克、猪油8克，用筷子搅拌均匀。

（4）取30厘米圆盘1个，放上1片面皮，倒入拌好的鸡蛋液，上面盖上一个圆皮，从边沿捏实灌饼边，用刀刮去毛边，放入200℃的电饼铛中，煎炸至两面金黄并发暄发酥出锅。

（5）将鸡蛋灌饼用刀切开，上桌食用。

制作要领

（1）和面排光揉匀、下剂均匀。

（2）制作时毛边要除去，增加美观。

（3）电饼铛要提前预热。

（4）煎炸时将灌饼反复翻面，防止颜色不匀。

特　点

外酥脆，内清香。

技 能 考 核

考核要求

1. 设备、考位应统一编号。

2. 考生要穿戴整洁的工作服、工作帽。

3. 按照考核要求，备好有关烹调工具、盛器和原料。

评分标准

试题总成绩实行百分制积分方法，60分以上为及格。其中每道菜按百分制评分，评价指标见下表。

评分标准

评价指标	考核标准	标准分	得分
造型	形态美观，自然逼真	20分	
色彩	自然，符合制品应有的色泽	10分	
调味	体现原料的本味及成品风味，口味纯正	10分	
刀工	刀工精细，产品均匀	35分	
技术性	工艺性强，有一定的技术难度	10分	
创新性	特色鲜明，作品之前没有出现过	10分	
安全性	操作安全	5分	
合计		100分	

参考文献

［1］徐书振.烹调工艺实训：基础篇［M］.北京：中国轻工业出版社，2015.
［2］徐书振.烹调工艺实训：提高篇［M］.北京：中国轻工业出版社，2015.